电网规划与评审手册系列

城市配电网规划指导手册

国网武汉供电公司　组编

中国电力出版社
CHINA ELECTRIC POWER PRESS

内容提要

本书依据国家现行法律法规，以及国家、行业标准、企业规程规范，结合 110kV 及以下电压等级的配电网规划工作实际情况，按照管理内容简单实用、工作流程易于操作的原则编制而成。

本书共分 11 章，分别是总论、规划基本步骤、资料收集、经济社会发展概况、电网现状分析、电力需求预测、高压配电网规划、中低压配电网规划、二次系统及智能化规划、投资估算、规划成效分析等。

本书可供从事配电网项目规划、设计工作的技术人员、管理人员阅读，也可供相关专业的大中专院校的师生参考。

图书在版编目（CIP）数据

城市配电网规划指导手册 / 国网武汉供电公司组编 . -- 北京 : 中国电力出版社，2025. 2. -- （电网规划与评审手册系列） -- ISBN 978-7-5198-9446-7

Ⅰ . TM727.2-62

中国国家版本馆 CIP 数据核字第 2024FD3036 号

出版发行：中国电力出版社
地　　址：北京市东城区北京站西街 19 号（邮政编码 100005）
网　　址：http：//www.cepp.sgcc.com.cn
责任编辑：马淑范（010-63412397）
责任校对：黄　蓓　郝军燕
装帧设计：赵丽媛
责任印制：杨晓东

印　　刷：廊坊市文峰档案印务有限公司
版　　次：2025 年 2 月第一版
印　　次：2025 年 2 月北京第一次印刷
开　　本：880 毫米 ×1230 毫米　32 开本
印　　张：4.5
字　　数：106 千字
定　　价：58.00 元

编委会

本书编写组

主　　编　笪晓峰

副 主 编　刘文超　蔡黎明　王　睿

编写人员　陈　艳　王　宣　陈小海　马　潇　肖　峥
吕　文　龚　曦　王东旭　代少君　石文清
黄子怡　陈立坤　付　康　黄　颖　鄢学聪
刘铃铃

前言

为进一步加强统一规划，全面提升规划理念，实现新时代配电网高质量发展，武汉供电公司经济技术研究所组织规划骨干力量，紧密结合武汉市配电网发展现状，充分借鉴国内外先进成果经验，编制完成本手册。本手册详细介绍了配电网规划的流程、原理、方法以及参数等，共分为总论、规划基本步骤、资料收集、经济社会发展概况、电网现状分析、电力需求预测、高压配电网规划、中低压配电网规划、二次系统及智能化规划、投资估算、规划成效分析等11章，覆盖了武汉城市配电网规划全过程。

本手册着眼思想引领、技术指导和实践操作，力求完整、准确。一是聚焦先进理念，紧扣供电可靠性、供电安全性，运用差异化规划、标准化设计、资产全寿命周期管理等体系成果，体现输配协调、城乡协调、网源协调、配用协调、一二次协调，既详细阐明配电网规划的工作思路、具体流程和重点要点，又突出理论推导、方法解读和算例推演。二是实用性和前瞻性并重，秉持立足实际、适度超前的编纂思路，既全面总结近年来武汉市配电网规划的工作经验，兼顾运行、维护、营销等业务环节，又拓宽视野、放远目光，对接国网一流标准，吸收融合现代智慧配电网的成熟技术和前沿成果。三是贴近读者需要，本手册点面结合、内容丰富、深浅相宜，既能作为配电网规划的工具书，也可以作为生产运行、营销服务、科学研究的参考书。

本手册在编写过程中，得到国网武汉供电公司各部门及单位的大力支持和各级领导的悉心指导，凝聚了全体编著人员的辛勤汗水和努力。希望通过本手册，能够为广大读者提供更加有效的技术指引和工作帮助，为现代配电网建设提供更加科学的理论支撑。

编　者

目 录

1 总体要求与规划原则

1.1 总体要求

（1）贯彻“创新、协调、绿色、开放、共享”的新发展理念，落实碳达峰碳中和目标，坚持安全可靠、清洁高效、经济合理、适度超前的总体原则，建设与武汉城市发展相适应的世界一流城市配电网，促进源网荷储各环节协同发展，积极推动武汉配电网向能源互联网转型升级。

（2）电网规划应充分考虑国民经济发展指标、区域发展战略、能源转型、重大产业项目等重要边界条件，衔接能源电力、国土空间、交通等规划，按照饱和负荷需求确定目标网架，以问题、目标、结果为导向，按照远近结合、急缓有序的思路合理安排项目时序，提升电网的适应性。

（3）电网建设应注重提升全过程效率和效益，坚持科学投资，用好存量、做优增量，按照终期规划目标，导线截面一次选定、线路廊道和电缆通道一次到位、土建一次建成，实现技术方案一以贯之。

1.2　主要原则

（1）坚持面向可靠性的原则。配电网发展应满足城市发展和用户可靠优质用电的需求。提高供电可靠性和电能质量是配电网规划建设的核心目标，贯穿于配电网规划建设的全过程。

（2）坚持统筹协调原则。坚持电网与城市同步发展，配电网规划应与城乡其他基础设施同步规划，并纳入城乡总体规划、土地利用总体规划和控制性详细规划，合理预留配电设施用地。坚持配电网与上级电网协调发展，增强各层级电网间相互支撑能力。

（3）坚持差异化规划原则。根据不同区域的经济社会发展水平、实际需求和承受能力，全面推行网格化规划，差异化确定规划目标、技术原则和建设标准，满足区域发展、各类用户用电需求和多元主体灵活接入。

（4）坚持标准化建设原则。采用标准化、模块化典型接线，积极打造扁平化链式结构配电网。设备选型简洁可靠，优化提升配电网设备可靠性和智能化水平。

（5）坚持创新驱动原则。推进数字化配电网建设，推广应用智能技术，满足多能互补、多元互动需求，服务新型电力系统构建，促进能源与信息的深度融合，推动传统电网的技术、功能、形态向能源互联网升级。

（6）坚持绿色发展原则。配电网规划应考虑分布式光伏、微电网、电动汽车充换电设施、储能装置等灵活资源的接入需求，逐步构建能源互联公共服务平台。

1.3 规划目的

配电网规划是电网规划的重要组成部分，也是城乡建设规划的重要组成部分，科学、合理的配电网规划设计可以最大限度地节约电网建设投资，提高电网运行的可靠性和经济性，满足电力用户的安全可靠用电，保障国民经济健康发展。配电网规划的主要目的包括：

（1）明确配电网发展技术原则和建设标准。

（2）制定配电网近期、中期规划方案及远期规划目标，指导配电网建设。

（3）提出配电网电力设施布局所需的站址、廊道等资源需求，促进配电网与城乡发展规划协调发展。

1.4 规划范围及年限

（1）规划年限。配电网规划年限分为5年（近期）、10年（中期）和15年（远期）。配电网中、远期规划每五年编制一次，近期规划每年进行滚动修编，并调整年度规划项目库。

5年（近期）：着重解决配电网当前存在的主要问题，满足负荷需要，形成具体项目。

10年（中期）：与远、近期规划相衔接，着重将现有配电网结构逐步过渡到目标网架。

15年（远期）：考虑配网的长远发展目标，根据饱和负荷水平的预测结果，确定目标网架，提出上级电网建设、电力设施布局及电力通道的需求。

（2）电压等级。武汉市配电网电压等级如下：

高压配网：110kV、35kV。

中压配网：10kV（20kV）。

低压配网：0.38/0.22kV。

（3）地域范围。行政范围或供电公司管辖范围。

2 规划基本步骤

配电网规划设计的流程如图 2–1 所示，主要内容有：

（1）资料收集。收集内容既应包括电网、发电设施、多元化负荷、电力管廊的现状及规划等电力系统相关的资料，还应包括城乡总体规划、土地利用规划、城乡建设规划等社会经济相关的资料。

（2）经济社会发展概况。收集内容应包括规划地区总体情况、经济社会发展历史、经济社会发展规划等内容。

（3）电网现状分析。逐站、逐变、逐线分析与总量分析、全电压等级协调发展分析相结合，深入剖析配电网现状，从供电能力、网架结构、装备水平、运行效率、智能化等方面，诊断配电网存在的主要问题及原因。

（4）电力需求预测。结合历史用电情况，预测规划期内电量与负荷的发展水平，分析用电负荷的构成及特性，根据电源、大用户规划和接入方案，提出分电压等级网供负荷需求，具备控制性详规的地区应进行饱和负荷预测和空间负荷预测，进一步掌握用户及负荷的分布情况和发展需求。

（5）配电网规划目标和技术原则。包括规划目标及主要技术原则。主要技术原则具体应包括以下几方面原则：一是对高压配电网，提出容载比、电网结构、建设标准和建设形式、主要设备选型和装备水平等方面的主要技术原则；二是对中压配电网，提出电网结构、典型接线形式、供电半径、分区供电方式、建设标准和建设形式、主要设备选型和装备水平等方面的主要技术原则；三是对低压配电网，根据地区功能定位和区域类型划分，提出380/220V架空线路和电缆线路的导线截面、典型接线形式、供电半径，以及低压配电装置选型等方面的主要技术原则。

（6）高压配电网规划。高压配电网规划方案包括边界条件分析、网供负荷预测及电力平衡分析、变电规划（变电容量需求分析、变电建设规模、规模合理性分析、变电站布点方案等）、网架规划（网架结构规划、线路通道规划、线路建设规模等）、电气计算（潮流计算、短路计算、供电可靠性计算等）、供电安全分析、线损分析。可根据需要进行变电站用地需求和廊道选择。必要时，应进行高压配电网远期展望，论述高压配电网变电站布点与网架结构等。

（7）中低压配电网规划。中压及以下配电网规划方案主要包括网供负荷预测、网架规划（目标网架结构及过渡方案、网络新建改造建设规模等）、配电变压器规划（配电变压器容量需求分析、配电变压器新建及改造规模、无功配置、低压线路规模等内容）。

（8）二次系统及智能化规划。提出与一次系统相适应的通信网络、配电自动化、继电保护等二次系统相关技术方案：分析分布式电源及多元化负荷高渗透率接入的影响，推广应用先进传感器、自动控制、信息通信、电力电子等新技术、新设备、新工艺，提升智能化水平。

（9）投资估算。根据配电网建设与改造规模，结合典型工程造价水平，估算确定投资需求，以及资金筹措方案。

（10）规划成效分析。计算规划方案的各项技术指标，对比分析规划实施前后配电网主要问题解决和改善情况，估算规划产生的经济效益和社会效益，分析投入产出和规划成效。

（11）规划成果归档。配电网规划设计成果体系应包括：总报告、专项规划报告、专题研究报告，以及现状电网和规划电网图集、各电压等级规划项目清册等。

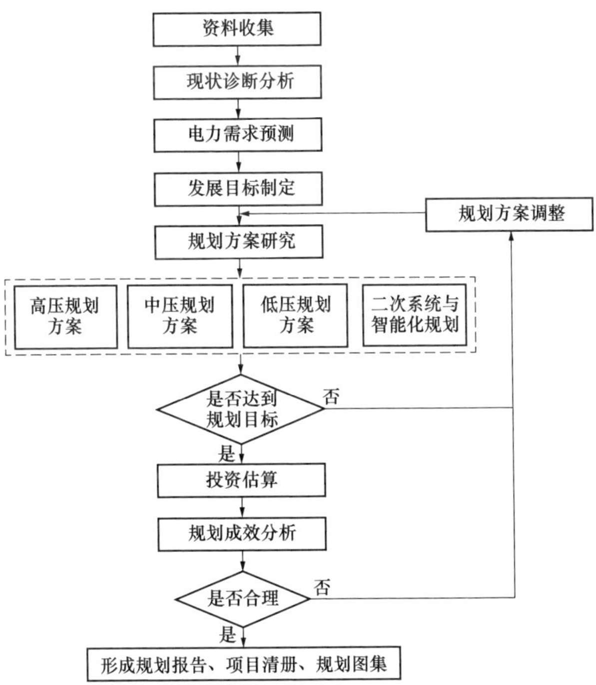

图 2-1 配电网规划流程图

3　资料收集

3.1　市政资料

政府部门：资源分布情况、GDP 现状及目标、三产业结构、人口规模、城乡总体规划片区、园区规划。

（1）城市群规划等上位规划：需要收集国家或地区的上位规划成果。

（2）国民经济和社会发展统计公报及政府工作报告：从各地方政府官网或统计局收集历史年的《国民经济和社会发展统计公报》和《政府工作报告》。从《国民经济和社会发展统计公报》中获得规划所需的历史年 GDP 及增速、三产结构、人口等；从《政府工作报告》中获知未来一年的建设重点。

（3）城乡总体规划：从政府规划主管部门收集城乡总体规划，从中可以获得 GDP 及人口发展目标、产业布局规划、用地规划、用地平衡表、路网规划、村庄布局规划、地块开发时序等资料。

（4）控制性详细规划：从政府各片区管委会收集《控制性详细规划》，从中收集片区（开发区、工业园等）各个地块的用地性质、用地面积、容积率等信息以及管线综合规划，并对接近期大用户等详细资料。

（5）其他专项规划：收集综合管廊、地铁、桥梁、铁路、隧道、电源（电厂数据来源为能源局）等专项规划，做好规划衔接。

3.2 电网资料

（1）资料内容。

1）运检：高压、中压台账、GIS 图、地理接线图、单线图。

2）调度：电流、负荷数据、运行分析报告。

3）营销：电量数据、现状大用户数据、报装数据。

4）发展：制定规划目标、制定技术原则、制定规划大纲、编制规划方案、对接市政规划。

5）基础数据是电网规划的基础（市政规划，电网台账数据、运行数据、图形资料），决定了规划可行性与落地可能性。

（2）资料形式。

1）表格资料：高压（包括高压变电站台账表、高压主变压器台账表、高压线路台账表）、中低压（包括现状年中压线路、重过载配电变压器、高损配电变压器、低电压台区、安全隐患设备和老旧设备台账等资料）、电量负荷（电量数据来源于营销部门，负荷数据来源于调度部门）、大用户（收集历史年大用户情况表和新增大用户明细表，此部分资料主要来源于营销部门、业扩班以及政府机构）、电源（发电厂）数据（电源数据包含电源的装机容量、并网电压等级、接入变电站、发电类型等资料）、典型日负荷曲线、年负荷曲线（日负荷曲线和年负荷曲线由调度提供）、重要用户（重要用户分特级、一级、二级、临时。收资表包括用户名称、客户类别、重要等级、报装容量、供电电源、自备应急电源容量等信息）。

2）文本资料：历年规划报告、调度运行方式报告、主网规划报告、可靠性分析报告、投资策略文件。

3）图集资料：GIS图、单线图（获得配电变压器容量、各段线路导线型号及长度）、现状年地理接线图及拓扑图（地理接线图及拓扑图分高压和中压）、现状年电力通道图（电力通道一般有架空通道和电缆通道之分）、供电区域划分图（××市划分为A、B、C、D、E五类。绘制属地化供电分区图）、变电站供电范围图、供电网格划分图（收集网格化规划成果，获取网格划分图）。

3.3 调研示例

（1）市政资料示例。重点收集GDP、总规、控规（报告、用地规划图）。武汉市主城区某单元控制性详细规划图见图3-1。

（2）电网资料示例。武汉市某地区电网图见图3-2。

（3）收资注意事项。

逻辑对应：注意图表的逻辑对应关系。

数据准确：各部门可能存在数据标准的不同，要保证基础资料的准确性和一致性校核，特别是关键数据的精细程度。

收资节点：注意收资时间节点，一般而言台账数据截止到规划基础年底。

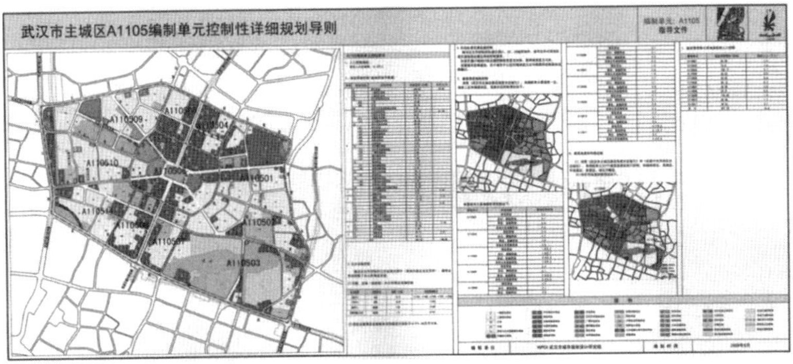

图 3–1　武汉市主城区某单元控制性详细规划图

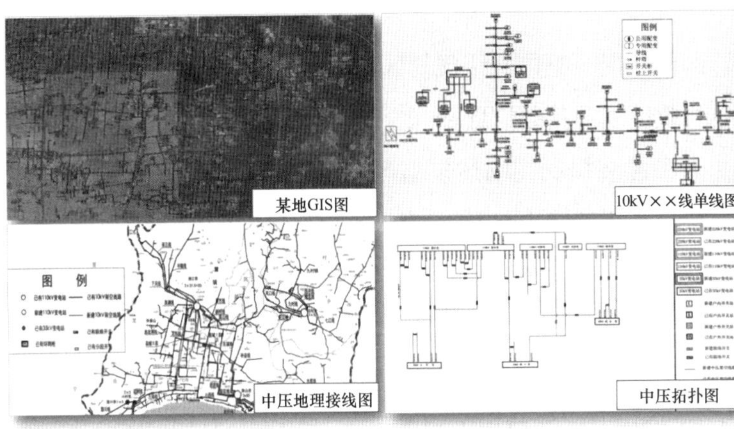

图 3–2　武汉市某地区电网图

规划范围：明确规划范围内山区、水域、雷害区、冰灾区、自然保护区等特别区域。

涉密资料：对于涉密资料，应当遵守相关保密协议。

沟通工作：做好政府部门与企业之间的沟通工作，制定完善的电力规划方案，保证政府部门与电力部门之间形成良好的关系，提升其工作质量。

4　经济社会发展概况

4.1　经济社会发展

区域概况：整体介绍规划区域所处地理位置、行政面积、人口、行政区划等基础信息。

国民经济概况：阐述规划区域历史年 GDP 情况，分析增长率走势；分析三产占比及增速情况，解读历史年产业结构调整情况，并对主导产业进行分析。

某区域经济情况案例如下：

R 区土地面积 ×× km^2，2022 年 R 区 GDP 为 ×× 亿元，截至 2022 年底，R 区常住人口为 ×× 万人，城镇化率为 ××%。R 区经济社会情况模板表见表 4–1。

表 4–1　　　　R 区经济社会情况模板表

年份	土地面积（km^2）	GDP（亿元）	年末总人口（万人）	人均 GDP（万元 / 人）	城镇化率（%）
2016					
2017					
2018					

续表

年份	土地面积（km^2）	GDP（亿元）	年末总人口（万人）	人均 GDP（万元 / 人）	城镇化率（%）
2019					
2020					
2021					
2022					

2020～2022 年，R 区 GDP 年均增长率为 ××%，人口年均增长率 ××%，人均 GDP 年均增长率 ××%。

4.2 区域发展规划

从 6 个方面对规划区域的城乡总体规划、控制性详细规划、其他专项规划进行解读，做好规划衔接。收集近期建设热点及重点项目，作为近期负荷预测与规划项目的重要依据。

（1）发展优势：从交通、资源等方面，依次简述规划区域优势。

（2）城镇空间布局：简述城市空间布局。

（3）用地规划：对各类型用地占比进行简要分析。

（4）城市定位：依据政府总规文件，简述城市定位，突出城市特性。

（5）经济人口发展目标：获取规划区域未来人口发展目标，解读城市规划发展规模。

（6）产业布局：简述城镇产业布局。

5　电网现状分析

电网现状分析旨在全面筛查电网存在的问题及其成因。通常分电压等级按供电能力、网架结构、装备水平、智能化水平等方面开展，最终要形成全网统一问题清单，以便“对症下药”。

通过现状电网分析，找到各电压等级薄弱环节，分析主要问题及成因，列出问题清单，提出解决问题的方向。

5.1　配电网网架

配电网网架存在的主要问题为重过载、不通过 *N*–1、大分支，具体问题及其解决措施见表 5–1。

表 5–1　　配电网网架的主要问题及其解决措施表

主要问题		解决措施
重过载	10kV 线路重过载	新建线路切割负荷； 联络线路调整运行方式； 线路线径改造； 更换 TA

续表

主要问题		解决措施
不通过 N–1 校核	10kV 线路不通过 N–1 校核	变电站配套出线； 已有变电站出线分割； 线径改造增大； 调整运行方式
大分支	A+、A、B 类区域分支线路配电变压器装接总容量超过 3000kVA、或线路长度超过 2km、或高压用户数超过 5 户； C、D 类区域分支线路配电变压器装接总容量超过 1500kVA、或线路长度超过 4km、或高压用户数超过 3 户个	变电站配套出线； 根据负荷发展，利用已有变电站出线切改

5.2 配电网设备

配电网设备存在的主要问题为重过载、低电压、高故障设备、老旧设备、高损配电变压器，具体问题及其解决措施见表 5–2。

表 5–2　　配电网设备的主要问题及其解决措施表

主要问题		解决措施
重过载	10kV 配电变压器重过载	优先增点、其次增容； 结合低电压情况新增变压器； 更换计量装置

续表

主要问题		解决措施
低电压	10kV 线路低电压； 台区低电压	加装调压器； 调整台区三相负荷； 变压器调档； 新增布点减小台区供电半径； 切改台区接入 10kV 线路； 通过运维调压手段； 台区增容改造
高故障设备	线路高故障； 开闭所高故障； 环网柜高故障	运维手段治理； 线路改造； 申报改造项目储备
老旧设备	运行 20 年以上的设备	加强运行监督，对存在安全隐患的设备提供支撑材料后予以更换
高损配电变压器	S9 及以下配电变压器	对于 S7（S8）及以下的高损配电变压器予以更换； 逐步更换 20 年及以上 S9 型配电变压器

6 电力需求预测

配电网规划中电力需求预测主要是针对整个规划区域进行负荷、电量的预测（近期的逐年预测）。

需求预测属于战略预测，是将整个规划区域的电量和负荷作为预测对象，其结果决定了该区域未来对电力负荷的需求量和该区域未来电网的供电容量，对该区域变电建设具有重要的指导意义。其中空间负荷预测是对城乡负荷分布的地理位置、时间和数量进行的预测，它是对高压变电站位置和容量、主干线路径和型号以及它们的投入时间等决策变量进行规划的基础，其准确性决定了配电网规划方案的经济性和可操作性。

6.1 用电量预测

电量需求预测是一段时间内电力系统的负荷消耗电能总量的预报。常用的预测的方法包括电力弹性系数法、用电单耗法、分部门预测法、人均电量法、平均增长率法、线性增长趋势法、指数曲线增长趋势法等。

6.1.1 总量分析

（1）分析历史年负荷、电量发展趋势（增长率），负荷变化异常需特别说明，如大用户停产、投运，天气变化大，供电范围发生变化等，负荷预测时根据需要可适当修正数据。

（2）分析三产及居民用电结构比。

（3）分析人均用电量、人均生活用电量和农村居民人均生活用电量变化趋势。常用于校核负荷预测水平。

6.1.2 主要预测方法

（1）电力消费弹性系数法。

1）电力消费弹性系数的定义。电力消费弹性系数是指一定时期内用电量年均增长率与国民生产总值（GDP）年均增长率的比值，是反映一定时期内电力发展与国民积极发展适应程度的宏观指标。其计算公式为

$$\eta_t = \frac{W_t}{V_t} \tag{6-1}$$

式中：η_t为电力弹性系数；W_t 为一定时期内用电量的年均增长速度；V_t 为一定时期内国能生产总值的年均增长速度。

2）预测步骤。电力消费弹性系数法是根据历史阶段电力弹性系数的变化规律，预测今后一段时期的电力需求的方法。该方法可以预测全社会用电量，也可以预测分产业的用电量（及所谓的分产业弹性系数法）。其主要步骤如下：

使用某种方法（增长率法、回归分析法等）预测或确定未来

一段时期的电力弹性系数 t。

根据政府部门未来一段时期的国民生产总值的年均增长率预测值与电力消费弹性系数，推算出第 n 年的用电量，预测公式为

$$W_n=W_0^*(1+h_t) \tag{6-2}$$

式中：W_0 和 W_n 为计算期初期和末期的用电量。

3）适用范围。由于电力消费弹性系数是一个具有宏观性质的指标，描述一个总的变化趋势，不能反映用电量构成要素的变化情况。因此，电力消费弹性系数法一般用于对预测结果的校核和分析。这种方法的优点是对于数据需求相对较少。

例 6-1

武汉市 A 区 2013～2018 年间 GDP 增速约为 16%，用电量增速约为 6.62%，弹性系数约为 0.41。“十三五”期间，产业结构变化不大，弹性系数取 0.41，“十四五”期间，三产逐步上升，弹性系数取 0.4，最大负荷利用小时数取值在 5500～6000h 之间。由此得到弹性系数法负荷预测结果见表 6-1。至 2020 年，A 区合计负荷达 902.42MW，“十三五”年均增长率为 12.13%；2025 年负荷达到 1207.64MW，“十四五”年均增长率为 6%。

（2）产业产值用电单耗法。产业产值用电单耗法先分别对产业（部门）进行电量预测，得到行业用电量；然后对生活用电进行单独预测；计算地区用电量。

1）产业产值单耗法定义。每单位国民经济生产总值所消耗

表 6-1　　A 区 2018 ~ 2025 年弹性系数及电量预测结果

项目＼年份	2015 ~ 2018	2018	2019	2020	2021	2022	2023	2024	2025	“十三五”年均增长率	“十四五”年均增长率
GDP 增长率	16	—	16	16	15	15	15	15	15	—	—
电力弹性系数预测	0.41	—	0.41	0.41	0.4	0.4	0.4	0.4	0.4	—	—
全社会用电量增长率	6.62	—	6.56	6.56	6	6	6	6	6	—	—
全社会用电量预测	—	43.71	46.58	49.63	52.61	55.77	59.11	62.66	66.42	6.59	6.00
最大负荷利用小时数	—	5932	5800	5500	5500	5500	5500	5500	5500	—	—
负荷	—	751.75	803.06	902.42	956.56	1013.95	1074.79	1139.28	1207.64	12.13	6.00

的电量称为产值单耗。产业产值单耗法是通过对国民经济三大产业单位产值耗电量进行统计分析，根据经济发展及产业结构调整情况，确定规划期三大产业的单位产值耗电量，然后根据国民经济和社会发展规划的指标，计算得到规划期的产业（部门）电量需求预测值。

2）产业产值单耗法的预测步骤。

①根据负荷预测区内的社会经济发展规划及确定的规划水平年 GDP，三大产业结构比例，计算至规划水平年逐年的三大产业增加值。

②根据三大产业历史用电量和三大产业的用电单耗，使用某种方法（如平均增长率法等）预测得到各年三大产业的用电单耗。

③各年三大产业增加值分别乘以相应年份的三大产业用电单耗，分别得到各年份三大产业的用电量。产业年用电单耗计算公式为

$$W=kG \tag{6-3}$$

式中：k 为某年某产业产值的用电单耗；G 为预测水平相应年的 GDP 增加值；W 为预测年的需电量指标。

④三大产业的预测电量相加，得到各年份的全行业用电量，即

$$W_{行业}=W_{一产}+W_{二产}+W_{三产} \tag{6-4}$$

3）使用范围。用电单耗法方法简单，对短期负荷预测效果较好，但计算比较笼统，难以反映经济、政治、气候等条件的影响，一般适用于有单耗指标的产业负荷。

例 6-2

2000 ~ 2008 年，某地三大产业用电量历史数据见表 6-2，城乡人口、人均用电量和可支配收入历史数据见表 6-3。试预测 2009 ~ 2015 年某地的用电量。

表 6-2　　某地三大产业用电量历史数据

年度	2000	2001	2002	2003	2004	2005	2006	2007	2008
全行业用电量（亿 kWh）	301	325	327	393	435	462	519	601	622
第一产业用电量（亿 kWh）	30	30	31	39	45	53	68	73	76
第二产业用电量（亿 kWh）	233	250	266	298	329	344	377	442	457
第三产业用电量（亿 kWh）	38	45	30	56	61	65	74	86	89
一产用电单耗（kWh/万元）	381	368	376	446	486	542	658	677	672
二产用电单耗（kWh/万元）	1590	1551	1484	1475	1402	1289	1222	1209	1088

续表

年度	2000	2001	2002	2003	2004	2005	2006	2007	2008
三产用电单耗（kWh/万元）	263	282	169	291	286	274	277	280	255

表 6-3　某地城乡人口、人均用电量和可支配收入历史数据

年度	2000	2001	2002	2003	2004	2005	2006	2007	2008
人口（万人）	6562	6596	6628	6663	6698	6732	6768	6806	6845
乡村人口（万人）	4610	4564	4507	4431	4320	4241	4173	4053	3960
城镇人口（万人）	1952	2032	2121	2232	2378	2491	2595	2753	2885
人均用电量（kWh）	78	84	95	124	128	164	210	238	242
城镇人均用电量（kWh）	37	42	47	61	72	106	139	169	163
农村人均用电量（kWh）	174	182	193	246	231	261	324	341	349
乡村可支配收入（元）	2248	2362	2483	2681	2896	3104	3340	3617	4182

续表

年度	2000	2001	2002	2003	2004	2005	2006	2007	2008
城镇可支配收入（元）	6141	6767	7430	8025	8659	9369	10174	11314	12717

注　城、乡可支配收入为2000年价。

解：（1）根据某地规划的各年GDP总值和三大产业结构，得到各年份产业GDP增加值，见表6-4。

表6-4　　各年份产业GDP预测

年度	2009	2010	2011	2012	2013	2014	2015
GDP（亿元，2000价）	9591	10461	11415	12461	13610	14870	16255
第一产业GDP（亿元，2000价）	1173	1217	1263	1310	1359	1410	1463
第二产业GDP（亿元，2000价）	4561	4953	5378	5840	6342	6887	7477
第三产业GDP（亿元，2000价）	3857	4291	4774	5311	5909	6573	7315

（2）根据各产业历史用电单耗及未来发展变化趋势，设定2009～2015年一、二、三产业用电单耗分别以5%、-3%和2%速度均匀变化，计算出各年的分产业单耗。产业用电单耗乘以产业增加值，计算产业用电量。三大产业用电量累加得到全行业用电量。各年度三大产业产值单耗法用电单耗

见表 6-5。

表 6-5　产业产值单耗法用电单耗

年度	2009	2010	2011	2012	2013	2014	2015
第一产业用电单耗（kWh/ 万元）	706	741	778	817	858	901	946
第二产业用电单耗（kWh/ 万元）	1055	1023	993	963	934	906	879
第三产业用电单耗（kWh/ 万元）	260	266	271	276	282	287	293
全行业用电量（亿 kWh）	664	711	761	816	875	940	991
第一产业用电量（亿 kWh）	83	90	98	107	117	127	136
第二产业用电量（亿 kWh）	481	507	534	562	592	624	645
第三产业用电量（亿 kWh）	100	114	129	147	167	189	210

（3）居民用电量预测。

1）根据政府规划计算各年乡村、城镇人口。

2）由政府规划计算各年乡村、城镇可支配收入（如无数据可通过增长型曲线外推法等）。

3）回归分析法计算城镇、乡村人均用电量。

4）计算城镇、居民用电量预测结果如表 6-6 所示。

表 6–6　　　　　　居民用电量预测结果

年度	2009	2010	2011	2012	2013	2014	2015
人口（万人）	6862	6882	6905	6932	6962	6995	7031
乡村人口（万人）	3897	3836	3775	3715	3657	3599	3542
城镇人口（万人）	2965	3046	3130	3216	3305	3396	3489
乡村可支配收入（元）	4505	4958	5453	5990	6567	7186	7845
城镇可支配收入（元）	13743	15057	16468	17976	19582	21284	23084
农村人均用电量（kWh）	213	249	288	330	376	425	477
城镇人均用电量（kWh）	402	442	485	531	580	632	687
农村居民用电量（亿 kWh）	83	95	109	123	138	153	169
城镇居民用电量（亿 kWh）	119	135	152	171	192	215	240
居民用电量（亿 kWh）	202	230	261	294	330	368	409

4）地区用电量预测。

根据表 6–5 和表 6–6 的预测结果，计算该地区用电量如表 6–7 所示。

表 6–7　　　　　　居民用电量预测结果

年度	2009	2010	2011	2012	2013	2014	2015
全行业用电量（亿 kWh）	664	711	761	816	875	940	991

续表

年度	2009	2010	2011	2012	2013	2014	2015
居民用电量（亿 kWh）	202	230	261	294	330	368	409
地区用电量（亿 kWh）	866	941	1022	1110	1205	1308	1400

（3）平均增长率法。

1）平均增长率法定义。平均增长率法是利用电量时间序列数据求出平均增长率，再设定在以后各年，电量仍按这样一个平均增长率向前变化发展，从而得出时间序列以后各年的电量预测值。

2）预测步骤。

①使用 t 年历史时间序列数据计算年均增长率 α_t，即

$$\alpha_t = (Y_t / Y_1)^{\frac{1}{t-1}} - 1 \tag{6-5}$$

②根据历史规律测算以后各年的用电情况，计算公式为

$$y_n = y_0 \times (1 + \alpha_t)^n \tag{6-6}$$

式中：y_0 为预测基准值；α_t 为第 t 年预测量的增长率；y_n 为计算期末期的预测量；n 为预测年限。

3）适用范围。此方法理论清晰，计算简单，适用于平稳增长（减少）且预测期不长的序列预测。一般用于近期预测。

例 6-3

2000～2010 年某地区电量增长率为 5%，2010 年的用电

量为 25 亿 kWh，预测 2017 年的用电量。

解：根据平均增长率法，计算如下：

$$\begin{aligned} W_{2017} &= W_{2010}(1+\alpha)^n \\ &= 25\times(1+0.05)^7 \\ &= 35.2 \end{aligned}$$

因此，2017 年的用电量为 35.2 亿 kWh。

（4）回归分析法。

1）回归分析法定义。回归分析法以时间为自变量，以预测对象作为因变量，建立一个相关性较好的数学方程，计算未来的预测量。回归分析法按照回归方程，分为一元线性回归、指数回归、幂回归以及多项式回归等方法。预测时，一般要求使用 10 年或 10 年以上的历史数据，选择最接近历史数据的曲线函数，才能建立较好的变化趋势。

2）计算步骤。以一元线性回归方程 $y=a+bx$ 为例，其中 x 为自变量，y 为因变量，a、b 为回归系数，介绍预测步骤如下。

用最小二乘法估计式中系数 a 和 b

$$\begin{cases} b = \dfrac{\sum t_i y_i - \bar{y}\sum t_i}{\sum t_i^2} \\ a = \bar{y} - b\bar{t} \end{cases} \tag{6-7}$$

代入回归方程，进而可推测未来值

$$y=a+bt_i \tag{6-8}$$

式中：a 和 b 为回归方程系数；t_i 为年份计算编号（以样本年中间年份编号为 0，之前年份为 –1，–2，…，之后为 1，2，…），也可是与电量增长相关的国民经济指标 GDP 等；$\bar{t}$为各 t_i 之和的平均值；y_i 为历年样本值；$\bar{y}_i$为 i 年数（样本年数）预测对象的平均数。

3）适用范围。线性增长趋势预测法是对时间序列明显趋势部分的描述，因此对推测的未来“时间段”不能太长。对非线性增长趋势的，不宜采用该模型。该方法既可以应用于电量预测，也可以应用于负荷预测，一般用于负荷变化规律性较强的近期预测。

例 6-4

某地区用电量逐年增长，其中 9 年用电量如表 6-8 所示，试预测第十年本地区用电量。

表 6-8　　　　某地区近十年用电量统计

时间 t	时间序列 t_i	用电量 y_i	t_2	t_iy_i	时间 t	时间序列 t_i	用电量 y_i	t_2	t_iy_i
1	−4	2763	16	−11052	6	1	3181	1	3181
2	−3	2881	9	−8643	7	2	3370	4	6740
3	−2	2890	4	−5780	8	3	3412	9	10239
4	−1	2972	1	−2972	9	4	3563	16	14252
5	0	3122	0	0	合计	0	28155	60	5965

解：根据线性增长趋势法的计算公式，首先回归方程中计算参数 a 和 b，其中$\bar{y}$ =3128.3，$\bar{t}$ =0。

$$b=\frac{\sum t_i y_i-\bar{y}\sum t_i}{\sum t_i^2-\bar{t}\sum t_i}=\frac{\sum t_i y_i}{\sum t_i^2}=\frac{5965}{60}=99.42 \tag{6-9}$$

故可得外推方程如下

$$y=3128.3+99.42t \tag{6-10}$$

由式（6-10）可求得第十年该地区预测用电量如下

$$y_{10}=3128.3+99.42\times5=3625.4$$

因此，第十年该地区的用电量为3625.4MWh。

6.2 电力负荷预测

电力负荷预测是对某一时段内最大负荷的预报，又称最大负荷预测。电力负荷预测可以单独进行，如采用平均增长率法，也可以根据电量预测结果计算电力负荷预测值，如采用最大负荷利用小时数法。对于配电网，由于能够较好地掌握用户及报装信息，因此也可以考虑采用需用系数法、业扩工询法、业扩量对比法等进行预测。

6.2.1 负荷特性分析

（1）分析历史年年负荷曲线，了解峰谷负荷出现的时间，用于电力平衡计算。

（2）分析典型日负荷曲线，总结区域内最大负荷发生时间，用于同时率的计算、能源互联网的削峰填谷（电动汽车）、分布式电源接入和储能运用等。

（3）分析典型日不同用电性质负荷曲线，总结各类用户最大负荷发生时间，用于网格划分、中压组网（负荷倒供）时负荷互补，提升设备利用率和投资效益。

（4）分析历史年最大负荷利用小时数变化趋势，结合产业发展规划和经济发展规划，预测规划年最大负荷利用小时数，常用于校核负荷预测合理性。一般来讲，二产所占比例越大、年最大负荷利用小时越大，反之亦然。

6.2.2 主要预测方法

（1）平均增长率法。平均增长率法是根据历史规律和未来国民经济发展规划，估算今后的负荷的平均增长率，并以此测算目标年的负荷情况。

$$y_n=y_0(1+\alpha_t)^n \tag{6-11}$$

式中：y_0 为预测基准值；α_t 为第 t 年预测量的增长率；y_n 为计算期末期的预测量；n 为预测年限。

例 6-5

武汉市 H 区全社会最大负荷从 2010 年的 399.81MW 增长至 2018 年的 634.45MW，年均增长率为 5.94%，稳步增长；武汉市 C 区全社会最大负荷从 2010 年的 63.1MW 增长至 2018 年的 141.14MW，年均增长率为 10.59%，较快增长；根据武汉某经济技术开发区一体规划数据显示，H 区和 C 区 2012—2020 年 GDP 增长率为 16%，经济发展较为迅速，2020—2025 年增速将保持在 10% 左右。所以近期负荷任有较快增长，预测H区“十三五”期间年均增长率将保持在12%～14%，“十四五”期间年均增长率将保持在4%～6%区间，C区“十三五”期间年均增长率将保持在14%～16%区间，“十四五”期间年均增长率将保持在12%～14%区间。

由年均增长率法预测的高中低方案结果详见表6–9～表6–11，选取中方案为年均增长率法的结果，至2020年C区负荷达到810.13MW，2025年负荷达到1033.95MW，“十三五”年均增长率为5%，“十四五”年均增长率为5%；2020年C区负荷达到186.66MW，2025年负荷达到343.9MW，“十三五”年均增长率为15%，“十四五”年均增长率为13%；2020年H区、C区合计负荷达到959.91MW，2025年负荷达到1346.32MW，“十三五”年均增长率为13%，“十四五”年均增长率为7%。

（2）需用系数法。需用系数是指用户的用电负荷最大值与用户安装的设备容量的比值，通常用以预测最高负荷，预测公式如下

$$P=K_dS \tag{6–12}$$

式中：P为最高负荷；K_d为需用系数；S为设备容量。

表6–12给出我国上海地区分行业用户需用系数统计值作为参考。

（3）业扩工询法（大用户法）。业扩工询法是在地区最高负荷的基础上，结合业扩工询推算地区最高负荷的方法。预测公式如下

表 6-9　　H 区年均增长率法总量负荷预测结果

年份 类别	2018（MW）	2019（MW）	2020（MW）	2021（MW）	2022（MW）	2023（MW）	2024（MW）	2025（MW）	“十三五”年均增长率（%）	“十四五”年均增长率（%）
高方案	634.45	723.27	824.53	874.00	926.44	982.03	1040.95	1103.41	14	6
中方案	634.45	716.93	810.13	850.64	893.17	937.83	984.72	1033.95	13	5
低方案	634.45	710.58	795.85	827.69	860.80	895.23	931.04	968.28	12	4

表 6-10　　C 区年均增长率法总量负荷预测结果

年份 类别	2018（MW）	2019（MW）	2020（MW）	2021（MW）	2022（MW）	2023（MW）	2024（MW）	2025（MW）	“十三五”年均增长率（%）	“十四五”年均增长率（%）
高方案	141.14	163.72	189.92	216.51	246.82	281.37	320.76	365.67	16	14
中方案	141.14	162.31	186.66	210.92	238.34	269.33	304.34	343.90	15	13
低方案	141.14	160.90	183.43	205.44	230.09	257.70	288.62	323.26	14	12

表 6-11　合计年均增长率法总量负荷预测结果

年份 / 类别	2018（MW）	2019（MW）	2020（MW）	2021（MW）	2022（MW）	2023（MW）	2024（MW）	2025（MW）	“十三五”年均增长率（%）	“十四五”年均增长率（%）
高方案	751.75	857.00	976.97	1055.13	1139.54	1230.71	1329.16	1435.50	14	8
中方案	751.75	849.48	959.91	1027.10	1099.00	1175.93	1258.25	1346.32	13	7
低方案	751.75	841.96	943.00	999.57	1059.55	1123.12	1190.51	1261.94	12	6

表 6-12　上海地区分行业用户的需用系数

行业	平均值	下限	上限
农、林、牧、渔业	0.392	0.293	0.491
制造业	0.411	0.405	0.418
批发和零售业	0.426	0.410	0.443
房地产业	0.362	0.347	0.377
教育	0.222	0.201	0.245

续表

行业	平均值	下限	上限
租赁和商务服务业	0.347	0.324	0.371
交通运输、仓储和邮政业	0.264	0.238	0.291
公共管理、社会保障和社会组织	0.360	0.333	0.396
建筑业	0.308	0.268	0.349
科学研究和技术服务业	0.385	0.347	0.425
水利、环境和公共设施管理业	0.170	0.136	0.206
文化、体育和娱乐业	0.325	0.289	0.362
住宿和餐饮业	0.350	0.315	0.385
电力、热力、燃气及水生产和供应业	0.319	0.283	0.355
卫生和社会工作	0.401	0.361	0.459
信息传输、软件和信息技术服务业	0.300	0.264	0.342
金融业	0.340	0.285	0.396

注 2013 年电网公司相关规划部门统计整理值。

$$P_m = P_0 \times (1+K\%)^m + [\sum_{n=1}^{n}(S_n \times K_d) \times \eta_d] \times \eta \qquad (6\text{-}13)$$

式中：P_m 为预测目标年最高负荷，预测下一年时 m=1，预测下两年时 m=2，以此类推；P_0 为基准年最高负荷扣除已有大用户负荷；K 为最高负荷的自然增长率；S_n 为第 n 个大用户的装接容量；K_d 为第 n 个大用户所对应的 d 行业需用系数；η_d 为 d 行业的同时率；η 为各行业之间的同时率。

地区现有用户的自然增长因素、地区新增用户的申请容量、新增用户的需用系数等主要计算参数，可由规划人员根据历史数据、专家经验及同行业参考值确定。

6.3 空间负荷预测

6.3.1 空间负荷预测定义

主要用于有控制性详细规划地区的负荷预测，一般采用负荷密度法计算，负荷密度（指标）是最高负荷与用地面积（建筑面积）的比值。将规划区域用地按照一定的原则划分成相应大小的规则（网格）或不规则（变电站、馈线供电区域）的小区（小到0.1km^2），通过分析、预测规划年城市小区土地利用的特征和发展规律，来进一步预测相应小区中电力用户和负荷分布的地理位置、数量和产生的时间。

空间负荷预测主要采用负荷密度法（指标），根据预测年限内负荷密度与用地面积（建筑面积）推算最高负荷，预测公式为

$$P=(\sum DS)h \tag{6-14}$$

式中：P 为最高负荷；D 为负荷密度（指标）；S 为用地面积（建筑面积）；h 为同时率，一般根据各类负荷的历史情况推算得到。

使用负荷密度指标法时，居住用地与公共建筑负荷预测时一般采用负荷指标，对应建筑面积；工业用地等采用负荷密度，对应占地面积。负荷密度（指标）可通过类比国内或国外相同性质用地进行取值。

6.3.2 计算步骤

（1）根据政府控制性详细规划确定的各个地块用地性质、用地面积、容积率等指标，按《城市电力规划规范》确定的城市建设用地用电负荷分类；统计规划区分地块及分类用地性质及建筑面积。计算公式为

$$S=S_{zd}k_{rj} \tag{6-15}$$

式中：S 为建筑面积；S_{zd} 为占地面积；k_{rj} 为容积率。

（2）确定单位建筑面积用电指标及单位占地面积用电指标。《城市电力规划规范》仅规定居住建筑用电（20～60W/m^2）、公共建筑用电（30～120W/m^2）、工业建筑用电（20～80W/m^2）三大类指标，且指标跨度比较大。为了使负荷密度指标能够代表未来发展情况，通过对发达地区大中型城市的同类型负荷的负荷密度情况调查及类比分析，提出规划区单位建筑面积用电指标及单位占地面积用电指标。依据《中国建筑电气》和《工业与民用建筑供电》选取需用系数，计算各类用地单位面积用电指标。即

$$S=S_{zd}k_{rj} \quad (6-16)$$

（3）单位面积用电指标 = 单位建筑面积用电指标（单位占地面积用电指标）乘需用系数计算规划区用电负荷及各地块负荷。

（4）对负荷预测结果采用人均综合电量、人均生活电量、负荷密度三项指标进行校核，分析预测结果合理性。

例 6-6

某园区规划用地面积、性质、指标及预测见表 6-13。计算园区饱和负荷密度下用电负荷。

解：（1）计算各类用地建筑面积（含各地块）。

（2）确定各类用地单位建筑面积（占地面积）用电指标。

（3）确定各类用地需用系数。

（4）计算各类用地单位面积用电指标。

（5）计算各类用地用电负荷及园区总负荷、负荷密度。

（6）指标校核。

1）人均综合电量校核。远景年园区总人口 36 万人，结合该市历史 T_{max} 及预测，规划年 T_{max} 取 4000h，则电量为 123553.35 万 kWh，人均综合用电量为 3432.04kWh/ 人。

与 GB/T 50293—2014《城市电力规划规范》规划人均综合用电量指标对照，园区达到用电水平Ⅲ等城市行列，这和园区无工业用地有关。规划人均综合用电量指标详见表 6-14。

表 6–13　某园区规划用地面积、性质、指标及预测

序号	用地性质		占地面积（km^2）	容积率	建筑面积（km^2）	建筑面积用电指标（W/m^2）	占地面积用电指标（MW/km^2）	需用系数	最终指标（W/m^2）	负荷（MW）	负荷密度（MW/km^2）
			①	②	③ = ① × ②	④	⑤	⑥	⑦ = ④（或⑤）× ⑥	⑧ = ⑦ × ③	⑨ = ⑧ / ①
1	居住用地	二类居住用地	4.46	1.0 ~ 4.0	10.68	50	—	0.3	15	160.14	35.94
2		二类居住加商业金融	1.45	2.0 ~ 4.5	4.99	60	—	0.3	18	89.87	61.86
3	公共设施用地	行政办公用地	0.03	1.5 ~ 5.0	0.09	45	—	0.7	31.5	2.99	110.78
4		商业金融用地	0.55	0.5 ~ 10.0	1.96	70	—	0.7	49	94.88	171.49
5		文化娱乐用地	0.14	1.0 ~ 1.3	0.14	40	—	0.7	28	4.05	28.79
6		医疗卫生用地	0.09	2.0 ~ 5.0	0.23	50	—	0.6	30	6.78	75.26
7		教育科研用地	0.9	1.0 ~ 3.2	1.12	40	—	0.7	28	31.42	34.77
8		商业金融加二类居住	0.5	3.0 ~ 7.4	2.53	65	—	0.3	20	50.59	100.49

续表

序号	用地性质		占地面积（km^2）	容积率	建筑面积（km^2）	建筑面积用电指标（W/m^2）	占地面积用电指标（MW/km^2）	需用系数	最终指标（W/m^2）	负荷（MW）	负荷密度（MW/km^2）
			①	②	③ = ① × ②	④	⑤	⑥	⑦ = ④（或⑤）× ⑥	⑧ = ⑦ × ③	⑨ = ⑧ / ①
9	道路广场用地		0.05	—	—	—	1.5	1	1.5	0.08	1.5
10	对外交通用地		0.05	—	—	—	1.5	1	1.5	0.07	1.5
11	市政设施用地	供应设施用地	0.02	—	—	—	2.5	1	2.5	0.05	2.5
12		交通设施用地	0.05	—	—	—	2.5	1	2.5	0.12	2.5
13		其他市政设施用地	0.07	—	—	—	2.5	1	2.5	0.17	2.5
14	绿地		1.53	—	—	—	0.01	1	0.01	0.02	0.01
15	水域		2.53	—	—	—	0.01	1	0.01	0.03	0.01
16	路网		2.4	—	—	—	—	—	—	—	—
合计			14.82	—	21.74	—	—	—	—	441.26	—
合计（负荷计及 0.7 同时率）			14.82	—	21.74	—	—	—	—	308.9	20.8

表 6-14　　规划人均综合用电量指标

指标分级	城市综合用电水平分类	人均综合用电量［kWh/（人·年）］	
		现状	规划
Ⅰ	用电水平较高城市	3500～2501	8000～6001
Ⅱ	用电水平中上城市	2500～1501	6000～4001
Ⅲ	用电水平中等城市	1500～701	4000～2501
Ⅳ	用电水平较低城市	700～250	2500～1000

2）人均生活电量校核。园区居住负荷为 210.43MW，取生活用电最大负荷利用小时数为 3000h，则人均居民生活用电量为 1753.55 kWh/ 人。与 GB/T 50293—2014《城市电力规划规范》人均生活用电量指标比对，园区已经达到人均生活用电水平Ⅰ等城市行列。与园区定位国际居住中心、先导区经济商业文化中心的目标相适应。城市规划人均生活用电量指标分级情况见表 6-15。

3）负荷密度校核。与国内发展定位相似的规划新区的负荷密度比较，负荷密度 20.8MW/km^2，基本复合园区定位。部分规划新区远景年负荷密度指标见表 6-16。

表 6-15　　城市规划人均生活用电量指标分级情况

指标分级	城市综合用电水平分类	人均生活用电量［kWh/（人·年）］	
		现状	规划
Ⅰ	生活用电水平较高城市	400～201	2500～1501
Ⅱ	生活用电水平中上城市	200～101	1500～801

续表

指标分级	城市综合用电水平分类	人均生活用电量［kWh/（人·年）］	
		现状	规划
Ⅲ	生活用电水平中等城市	100～51	800～401
Ⅳ	生活用电水平较低城市	50～20	400～250

表 6-16　部分规划新区远景年负荷密度指标

城市名称	成都中心城	嘉兴城区	杭州滨江区	上海新江湾城	三亚海棠湾
负荷（MW/km^2）	18.60	21.00	16.06	20.11	23.09

6.4 网供负荷

6.4.1 110（66）kV 网供负荷

配电网 110kV 网供负荷 P_1 的计算公式如下

$$P_1=P_S-P_{厂}-P_{直供1}-P_{直降1}-P_{发电1} \tag{6-17}$$

式中：P_S 为全社会用电负荷；$P_{厂}$为厂用电；$P_{直供1}$ 为 110kV 及以上电压直供负荷；$P_{直降1}$ 为 220kV 直降为 35 和 10kV 的负荷；$P_{发电1}$ 为 35kV 及以下上网且参与电力平衡发电负荷。

例 6-7

某地区 2011～2017 年的最大用电负荷如表 6-17 所示，

试计算该地区 110kV 的网供负荷情况。

解：根据式（6-17），计算该地区 110kV 网供负荷如表 6-17 所示。

表 6-17　　110kV 分年度网供负荷预测结果　　单位：MW

项目＼年份	2011	2012	2013	2014	2015	2016	2017
1. 最大用电负荷	334.9	333.9	360	398	434	462	500
2. 电厂厂用电	60.64	61.52	61.52	61.82	61.82	62.12	62.12
3. 220kV 及以上电网直供负荷	0	0	0	0	0	0	0
4. 110kV 电网直供负荷	7.76	9.35	9.54	9.73	9.92	10.12	10.32
5. 220kV 直降 35kV 负荷	0	0	0	0	11	16	21
6. 220kV 直降 10kV 负荷	0	0	0	0	0	0	0
7. 35kV 及以下上网且参与电力平衡发电负荷	0	0	0	0	0	0	0
8. 110kV 网供负荷	266.5	263.03	288.94	326.45	351.26	373.76	406.56

注　110（66）kV 网供负荷（8）= 全社会用电负荷（1）– 厂用电（2）–220kV 及以上电网直供负荷（3）–110（66）kV 电网直供负荷（4）–220kV 直降 35kV 负荷（5）–220kV 直降 10kV 负荷（6）–35kV 及以下上网且参与电力平衡发电负荷（7）。

6.4.2 35kV 网供负荷

35kV 网供负荷 P_2 计算公式如下：

$$P_2=P_S-P_{厂}-P_{直供2}-P_{直降2}-P_{发电2} \tag{6-18}$$

式中：P_S 为全社会用电负荷；$P_{厂}$为厂用电；$P_{直供2}$ 为 35kV 及以上电网直供负荷；$P_{直降2}$ 为 220kV 和 110kV 直降 10kV 供电负荷；$P_{发电2}$ 为 35kV 公用变电站 10kV 侧上网且参与电力平衡的发电负荷。

例 6-8

某地区 2011～2017 年的最大用电负荷如表 6-18 所示，试计算该地区 35kV 的网供负荷情况。

解：根据式（6-16），计算该地区 35kV 网供负荷如表 6-18 所示。

表 6-18　　35kV 分年度网供负荷预测结果　　单位：MW

项目 \ 年份	2011	2012	2013	2014	2015	2016	2017
1. 最大用电负荷	334.9	333.9	360	398	434	462	500
2. 电厂厂用电	60.64	61.52	61.52	61.82	61.82	62.12	62.12
3. 35kV 及以上电网直供负荷	80.17	74.99	81.17	90.87	94.71	100.27	107.29
4. 220kV 直降 10kV 负荷	0	0	0	0	0	0	0
5. 110kV 直降 10kV 负荷	95.18	97.69	105.51	124.50	144.42	161.75	182.77

续表

项目 \ 年份	2011	2012	2013	2014	2015	2016	2017
6. 35kV 公用变电站 10kV 侧上网且参与电力平衡的发电负荷	0	0	0	0	0	0	0
7. 35kV 网供负荷	98.91	99.7	111.80	120.81	133.05	137.86	147.82

注 35kV 网供负荷（7）= 全社会用电负荷（1）- 厂用电（2）-35kV 及以上电网直供负荷（3）-220kV 直降 10kV 供电负荷（4）-110kV 直降 10kV 供电负荷（5）-35kV 公用变电站 10kV 侧上网且参与电力平衡的发电负荷（6）。

6.4.3 10kV 网供负荷

10kV 网供负荷 P_3 计算公式如下

$$P_3=P_{总}-P_{专线}-P_{低压发电} \tag{6-19}$$

式中，$P_{总}$为 10kV 总负荷；$P_{专线}$10kV 专线用户负荷；$P_{低压发电}$为 0.38kV 接入公用电网的电源。其中 10kV 总负荷 $P_{总}$由下式计算

$$P_{总}=P_{220kV降}+P_{110kV降}+P_{35kV降}+P_{10kV发电} \tag{6-20}$$

式中：$P_{220kV降}$为 220kV 公用变电站 10kV 侧变电负荷；$P_{110kV降}$为 110kV 公用变电站 10kV 侧变电负荷；$P_{35kV降}$为 35kV 公用变电站 10kV 侧变电负荷；$P_{10kV发电}$为 10kV 电源上网电力。

例 6-9

某地区 2011～2017 年的最大用电负荷如表 6-19 所示，试计算该地区 10kV 的网供负荷情况。

解：根据式（6-17），计算该地区 10kV 网供负荷如表 6-19 所示。

表 6-19　　10kV 分年度网供负荷预测结果　　单位：MW

项目 \ 年份	2011	2012	2013	2014	2015	2016	2017
1. 10kV 总负荷	215.04	217.93	237.19	261.78	287.35	315.84	340.53
2. 220kV 公用变电站 10kV 侧变电负荷	0	0	0	0	0	0	0
3. 110kV 公用变电站 10kV 侧变电负荷	95.18	97.69	101.50	113.40	120.13	129.21	135.10
4. 35kV 公用变电站 10kV 侧变电负荷	116.86	117.24	132.69	145.38	164.22	183.63	202.43
5. 10kV 电源上网电力	3	3	3	3	3	3	3
6. 10kV 专线用户负荷	45.2	51.66	55.3	63.56	68.92	73.56	79.4

续表

项目＼年份	2011	2012	2013	2014	2015	2016	2017
7. 接入公用电网的400V 电源	0	0	0	0	0	0	0
8. 10kV 网供负荷	169.84	166.27	181.89	198.22	218.43	242.28	261.13

注 10kV 总负荷（1）=220kV 公用变电站 10kV 侧变电负荷（2）+110kV 公用变电站 10kV 侧变电负荷（3）+35kV 公用变电站 10kV 侧变电负荷（4）+10kV 电源上网电力（5）。10kV 网供负荷（8）=10kV 总负荷（1）–10kV 专线用户负荷（6）– 接入公用电网的 400V 电源（7）。

6.5 电力平衡分析

配电网电力平衡主要是用于确定各电压等级变电设备的容量，目标年的变电容量计算如下

$$S=PR_s \tag{6-21}$$

式中：S 为规划期末的变电容量需求；P 为规划期末网供最大负荷；R_s 为规划期末的容载比。估算的基本原则见表 6-20。

表 6-20 变电容量估算表

区域名称	电压等级	项目	×× 年	×× 年	×× 年	×× 年
×× 地区	110kV	网供负荷				
		容载比				
		期末容量				

续表

区域名称	电压等级	项目	×× 年	×× 年	×× 年	×× 年
×× 地区	110kV	现有容量				
		新增容量				
	35kV	网供负荷				
		容载比				
		期末容量				
		现有容量				
		新增容量				

注 新增容量 = 需要容量 – 变电容量。

容载比一般可按照相关技术导则确定，也可以综合现有电网情况、负荷发展速度、配电网建设与改造原则由规划人员经验及相关专家建议确定。新增变电容量按下式计算：

$$\Delta S = S - S_0 \tag{6-22}$$

式中：ΔS 为需新增变电容量；S 为规划期末的变电容量需求；S_0 为现状年变电容量。

例 6–10

某地区 2011～2017 年 110kV 和 35kV 的最大用电负荷如【例 6–7】【例 6–8】所示，试计算该地区 110kV 和 35kV 的网供负荷情况。

解：计算 110、35kV 网供负荷的增速情况。

$$\Delta P_{110\mathrm{kV}}=\left(\frac{406.56}{266.5}\right)^{\frac{1}{7}}-1=6.21\%$$

$$\Delta P_{35\mathrm{kV}}=\left(\frac{147.82}{98.91}\right)^{\frac{1}{7}}-1=5.91\%$$

根据110kV和35kV的相关要求，110、35kV电网容载比的选择范围为1.8～2.0。考虑到该地区以发展110kV电网为主，容载比取2.0，35kV电网以农村地区为主，取1.9。

变电容量如表6–21所示。

表6–21　　110kV和35kV分年度变电容量需求

电压等级（kV）	项目	2011	2012	2013	2014	2015	2016	2017
110	网供负荷（MW）	266.5	273.03	288.94	326.45	351.26	373.76	406.56
	容载比	2.0	2.0	2.0	2.0	2.0	2.0	2.0
	期末容量（MVA）	533.00	546.06	577.88	652.90	702.52	747.52	813.12
	现有容量（MVA）	463.0	463.0	463.0	463.0	463.0	463.0	463.0
	新增容量（MVA）	70	83.06	114.88	189.9	239.52	284.52	350.12
35	网供负荷（MW）	98.91	99.7	111.80	120.81	133.05	137.86	147.82
	容载比	1.9	1.9	1.9	1.9	1.9	1.9	1.9

续表

电压等级（kV）	项目	2011	2012	2013	2014	2015	2016	2017
35	期末容量（MVA）	187.93	191.43	212.42	229.54	252.8	261.93	280.86
	现有容量（MVA）	178	178	178	178	178	178	178
	新增容量（MVA）	9.93	13.43	34.42	51.54	74.8	83.93	102.86

7　高压配电网规划

7.1　规划目标

立足构建以新能源为主体的新型电力系统与服务“双碳”目标大局，以打造“五个一流”大供标杆，实现“国网先进、华中领先、省内领跑”的目标。根据武汉受端电网特征，增加“绿电入汉”比例，发挥煤电调峰和兜底保供作用，以源网荷储协调发展与多能互补为支撑，提升电网输送能力和承载能力。构建各层级间“皇冠”型组网模式，如图 7-1 所示。建成 220kV 坚强、110kV 可靠、中低压韧性、源网荷储智慧互动的世界一流城市电网，有效支撑武汉“国家中心城市、世界亮点城市”建设。

内涵：“皇冠”代表了 500、220、110kV 与中低压电网之间组成的单个分区。

特点：基于武汉受端电网特征，以坚强网架为支撑，受入大电网电力，具体表现为：以 2 座 500kV 变电站为中心，6 座 220kV 变电站为枢纽，110kV 为节点，中压双链为基本单元，构建各层级建双链型标准组网模式。同时根据分布式能源的渗透率情况，适度利用SOP（柔性开关）替换中压单环网环内联络开关，同时增加环间柔性联络，实现传统电网向新型电力系统转型升级。

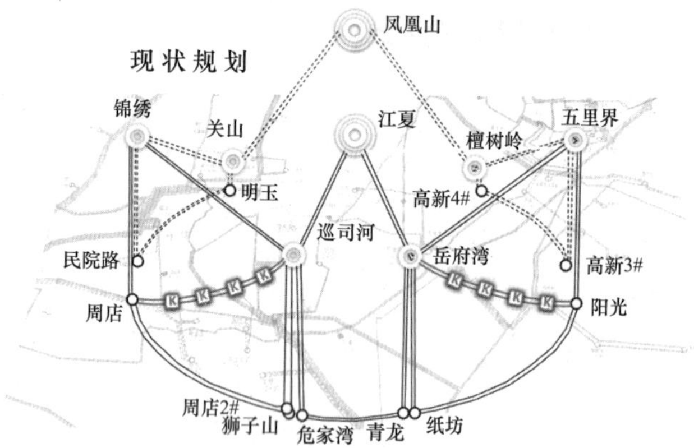

图 7-1 “皇冠型”组网模式

7.2 规划思路

规划修编，既要“补欠账”又要“抢增量”，根据电网发展要求、结合隐患治理，充分考虑国土空间规划及用户报装，提升电网供电能力。同时，满足经济社会高质量发展和用户优质可靠供电需求，创造良好营商环境，支撑武汉经济发展。

结合导则，武汉负荷增速为 8.5%，属于较快增长区，容载比取值为 1.8 ~ 2.0，由此制定电网低、中、高三种发展模式。

（1）基础电网规划：容载比趋于导则下限 1.8。以问题解决为导向，满足负荷发展基本需求。

（2）坚强电网规划：容载比控制在 1.9 左右，在基础电网规划基础上，考虑负荷密集区域电网发展适度超前，加强电网韧性的同时，为城市经济发展留有一定的电力裕度。

（3）标杆电网规划：容载比趋于导则上限 2.0，自上而下，以目标导向发展电网，紧抓一流电网政企联动机遇，加大电网建设力度，为新型电力系统构建提供坚强网架保障。

7.3 110kV 可靠电网规划

7.3.1 建设标准

打造“皇冠”型组网，建设以双链双站结构为主的 110kV 可靠网架结构，保障区域电力供应。根据差异化建设原则，局部构建以三链双站、双链三站的网架结构，保障设备安全运行和电网用电市场负荷的灵活性。

（1）建设标准。

1）A+、A、B、C 类供电区域新建变电站宜采用户内 GIS 站，D 类供电区域新建变电站宜采用户外 HGIS 站，对于站址受限的 D 类供电区域经技术经济比较，也可采用户内 GIS 站。A+、A 类供电区域终期规模 3 台，首期规模 2～3 台，单台容量 63、50MVA；B、C 类供电区域终期规模 3 台，首期规模 2 台，单台容量 63、50MVA；D 类供电区域终期规模 2～3 台，首期规模 1～2 台，单台容量 50、31.5MVA。

2）对于负荷增长较快的区域，按终期规模一次上 3 台。

（2）主接线。

1）110kV 出线 2～6 回。有电源接入的变电站根据需要可增加到 8 回。

2）110kV 变电站 110、35kV 侧采用单母线分段接线，10kV 侧采用单母线分段接线或单母线分段环形接线，可采用 n 变 n 段、n 变 n+1 段、2n 分段接线。

（3）导线截面。

1）110kV 架空线路导线截面宜采用 $2 \times 240mm^2$；电缆截面宜采用 1200、$1600mm^2$。

2）减少电缆截面种类，方便运维。

（4）通道型式。

1）三环线以内及东新区四环线以内区域新建电力通道主要考虑电缆敷设的方式，其他区域原则上采用架空方式，并不采用同塔双回及多回架设方式。

2）电缆敷设优先入城市综合管廊，4 回以上宜采用隧道，4 回及以下可采用电缆排管。

7.3.2 调整思路

（1）提高供电能力。提升电网供电能力，在负荷快速发展的中心城区、商务区、工业园等区域增加布点，将一流电网项目全部纳入“十四五”规划库，缩小与一线（准一线）城市电网规模差距。

（2）解决供电卡口问题。

1）充分考虑“迎峰度夏”问题解决措施，优化规划项目时序，保障 2023～2025 年电网稳定运行。

2）充分考虑变电站的建设周期，近期针对重点卡口区域的变电站进行扩建。

（3）提升装备水平。加强老旧线路和变电设备的监管，评估设备运行状况，落实后期治理方案，对运行超过 40 年的部分变电站进行全站改造。

（4）35kV 升级改造。

1）A+、A、B 类供电区不再发展 35kV 电网，C 类供电区应限制发展并逐步弱化 35kV 电网，D 类供电区可适当发展 35kV 电网。

2）35kV 电网宜采用单环网、双辐射、单链结构。采用单链、单环网结构时，若接入变电站数量超过 2 个，应采取局部加强措施。

7.4 目标网架过渡

各类供电区域内的电网可根据电网建设阶段，供电安全水平要求和实际情况，通过建设与改造，分阶段逐步实现推荐采用的电网结构。各类典型结构过渡示意见图 7–2。

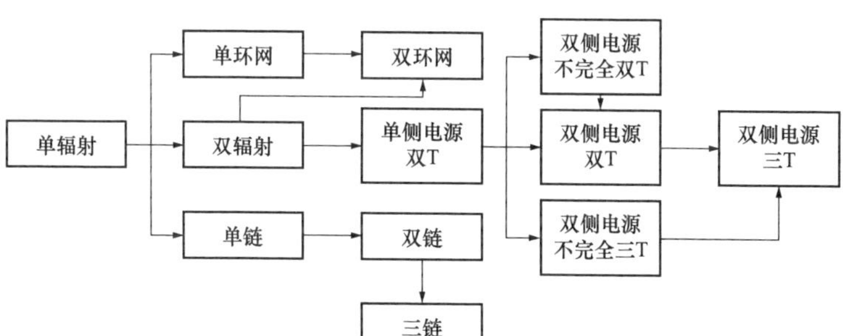

图 7–2　各类典型结构过渡示意图

8　中低压配电网规划

中低压配电网开展“网格化”规划，体现网格化精准管理，以网格现状、负荷需求，发展目标，制定目标网架和过渡方案。

8.1　规划目标

结合区域定位制定不同指标的规划目标值，应关注重点指标的提升要求。

8.1.1　网架结构

网架结构规划目标见表 8–1。

表 8–1　网架结构规划目标表

规划指标	规划目标	指标说明
10kV 线路联络率	100%	联络线条数 / 线路总条数
10kV 线路站间联络率	A+、A、B、C：100%	站间联络线条数 / 线路总条数
	D：≥ 90%	

续表

规划指标	规划目标	指标说明
10kV 线路“N–1”通过率	100%	满足 N–1 的线路条数 / 线路总条数。满足 N–1 的线路指配电线路采用多分段、多连接方式，当其中某一区段线路故障停运时，在隔离故障后，能够将完好部分的用户负荷向有联络的临近线路转移，达到恢复供电的目的
10kV 配电网结构标准化率	A+、A、B、C：100%	满足供电区域电网结构标准要求的线路条数 / 线路总条数。标准结构指架空网为多分段三联络联络、多分段两联络联络、多分段单联络联络
	D：≥ 90%	
10kV 架空线路平均分段数	3 ~ 5	（Σ 单条架空线路分段数）/ 架空线路总条数。架空电缆混合线路不计

8.1.2 供电能力

供电能力规划目标见表 8–2。

表 8–2　　供电能力规划目标表

规划指标	规划目标	指标说明
10kV 线路重载比例	0%	重载线路条数 / 线路总条数。重载线路指正常运行方式下配电线路年最大负载率达到或超过 70% 且持续 1h 以上的线路
10kV 配电变压器重载比例	0%	重载配电变压器台数 / 配电变压器总台数。重载配电变压器指配电变压器年最大负载率达到或超过 80% 且持续 2h 以上

续表

规划指标	规划目标	指标说明
农村户均配电变压器容量	2.5 ~ 4kVA/ 户	农网居民可用配电变压器容量 / 居民户数

8.1.3 供电质量

供电能力规划目标见表 8–3。

表 8–3　　供电能力规划目标表

规划指标	规划目标	指标说明
用户平均停电时间 / 供电可靠率（RS–1）	A+：户均年停电时间不高于 5min（RS–1 ≥ 99.999%）	（1– 用户平均停电时间 / 统计期间时间）× 100%。RS–1 计及故障停电、预安排停电及系统电源不足限电影响
	A：户均年停电时间不高于 52min（RS–1 ≥ 99.990%）	
	B：户均年停电时间不高于 3h（RS–1 ≥ 99.965%）	
	C：户均年停电时间不高于 12h（RS–1 ≥ 99.863%）	
	D：户均年停电时间不高于 24h（RS–1 ≥ 99.726%）	
综合电压合格率	A+：≥ 99.99%	（1– 电压监测点越限时间 / 电压监测运行时间）× 100%
	A：≥ 99.97%	
	B：≥ 99.95%	
	C：≥ 98.79%	
	D：≥ 97.00%	

8.1.4 装备水平

各类装备水平见表 8–4。

表 8–4　　装备水平规划目标表

规划指标	规划目标	指标说明
10kV 架空线绝缘化率	100%	架空绝缘线长度 / 架空线路总长度
高损耗配电变压器比例	0%	S7（含 S8）及更早期型号的配电变压器台数 / 配电变压器总台数
低电压台区比例	0%	低电压台区占台区总数的比例

8.1.5 智能化水平

装备智能化水平见表 8–5。

表 8–5　　装备智能化水平规划目标表

规划指标	规划目标	指标说明
配电自动化线路有效覆盖率	100%	已上线三遥终端线路条数 / 应上线三遥终端线路条数
馈线自动化（FA）正确动作率	90%	FA 动作正确次数 / 配电自动化覆盖线路跳闸总条次数 ×100%
配电通信网覆盖率	100%	实现配电通信的站点数 / 有配电通信需求的站点数
智能电表覆盖率	100%	智能电表应用用户数 / 区域总用户数

8.1.6 灵活资源接入能力

灵活资源接入能力见表 8–6。

表 8-6　　灵活资源接入能力规划目标表

规划指标	规划目标	指标说明
分布式电源接入率	100%	完成验收并网的分布式电源数量 / 受理并网申请的分布式电源数量 ×100%
电动汽车充电桩报装接入率	100%	新增充电桩实际接入数 / 充电桩用电报装数 ×100%
并网型分布式光伏监测	100%	可监测的并网型分布式光伏数量 / 完成验收并网的分布式光伏数量 ×100%

8.2　供电区域划分

8.2.1　供电区域

供电区域划分主要依据行政级别或未来负荷发展情况确定。随着城市负荷密度的增长，供电区域等级相应发生变化。依据 2025 年负荷预测，武汉市分为 A+、A、B、C、D 五类供电区域。武汉市供电区域划分标准见表 8-7。

武汉市供电区划分为 A+、A、B、C、D 五类。分区结果如下：

（1）A+ 类供电区。仅在中心城区存在，包括江岸区的劳动、永清、四唯、球场、台北、西马、大智、车站、一元地区，江汉区的万松、新华、水塔、花楼、前进、民意、满春、民权、民族地区，硚口区的汉正街、六角亭地区，武昌区的水果湖、中南路、中华路、粮道街、珞珈山、积玉桥、徐家棚街地区。A+ 类供电区行政面积 58.63km^2，供电面积 29.51km^2。

表 8–7 武汉市供电区域划分标准

供电区域	A+	A	B	C	D
饱和负荷密度 σ（MW/km^2）	$\sigma \geqslant 30$	$15 \leqslant \sigma < 30$	$6 \leqslant \sigma < 15$	$1 \leqslant \sigma < 6$	$0.1 \leqslant \sigma < 1$
武汉市	城区核心区	中心城区、东湖新技术开发区、原经济技术开发区以及东西湖国家级经济技术开发区中心地带	中心城区、东湖新技术开发区、原经济技术开发区周边绕城工业带（沌口）、远城区政府及经济中心	远城区中除政府及经济中心外工业、人口相对集中区域	一般农业经济活动区，所有 A+、A、B、C 类区域没有涵盖的供电区域

注 σ 为供电区域的负荷密度（MW/km^2）。供电区域面积不宜小于 5 km^2。计算负荷密度时，应扣除 110kV 及以上电压等级的专线负荷，以及高山、戈壁、荒漠、水域、森林等无效供电面积。

（2）A 类供电区。包括汉阳、武汉经济技术开发区全区以及江岸区的塔子湖、后湖、花桥、百步亭、二七、新村、丹水池、谌家矶地区，江汉区的汉兴、常青、唐家墩、北湖地区，硚口区的长丰、易家墩、古田、韩家墩、宗关、汉水桥、宝丰、荣华、汉中地区，武昌区的杨园、黄鹤楼、首义路、紫阳路、白沙洲、南湖地区，洪山区的关山、珞南、狮子山、张家湾、梨园、和平、洪山、青菱、卓刀泉地区，青山区的青山镇、红钢城、新沟桥、工人村、厂前、冶金、红卫路、钢花村、钢花村、白玉山、武东地区，东湖高新技术开发区的花山、左岭、九峰、关东街、流芳、豹澥、滨湖、佛祖岭、关东地区，东西湖的吴家山地区。A 类供电区行政面积 1286.71km^2，供电面积 532.88km^2。

（3）B 类供电区。包括青山区的天兴乡、八吉府、清潭湖办事处地区，蔡甸区的蔡甸、奓山、大集、凤凰山、后官湖、常福地区，新洲区的邾城街道、阳逻街道、仓埠、汪集、双柳、阳逻开发区地区，江夏区的纸坊、五里界、大桥、梁子湖、金港开发区、庙山、藏龙岛地区，汉南的纱帽，黄陂的前川、横店、天河、滠口、三里桥、武湖、盘龙城、大潭；东西湖的走马岭、新沟、长青、慈惠、泾河、金银湖、将军路、常青花园新区。B 类供电区行政面积 2796.29km^2，供电面积 491.41km^2。

（4）C 类供电区。仅在县级供电区存在，包括蔡甸的玉贤、永安、张湾，江夏的乌龙泉、金口、郑店，汉南的邓南、东荆，黄陂的祁家湾、罗汉寺、王家河、蔡榨、六指店，东西湖的柏泉。C 类供电区行政面积 1463.97km^2，供电面积 206.08km^2。

（5）D 类供电区。仅在县级供电区存在，包括蔡甸的消泗、侗湖、侏儒、索河、洪北管委会，新洲的辛冲、旧街、潘塘、徐古、三店、凤凰、李集、道观河风景区、涨渡湖街，江夏的法泗、安山、山坡、胡泗、舒安；汉南的湘口，黄陂的长岭、李集、蔡店、姚集、木兰、大潭，东西湖的东山、辛安渡。D 类供电区行政面积 2963.55km^2，供电面积 317.41km^2。

8.2.2 供电网格

（1）供电网格是开展中压配电网目标网架规划的基本单位。在供电网格中，按照各级协调、全局最优的原则，统筹上级电源出线间隔及网格内廊道资源，确定中压配电网目标网架。

（2）供电网格宜结合道路、铁路、河流、山丘等明显的地理形态进行划分，与城乡控制性详细规划及区域性用地规划等相适应。在城市电网规划中，可以街区（群）、地块（组）作为供电网格；在乡村电网规划中，可以乡镇作为供电网格。

（3）供电网格的供电范围应相对独立，供电区域类型应统一，应综合考虑中压配电网运维检修、营销服务等因素，以利于推进一体化供电服务。

（4）供电网格的电网规模应适中，饱和期宜包含 2 ~ 4 座具有中压出线的上级公用变电站（包括有直接中压出线的 220kV 变电站），同一座变电站可以分置于 1 ~ 3 个供电网格。一个供电网格一般由 2 ~ 8 个供电单元组成，供电网格一旦确定，一般不宜变更。

（5）供电网格划分应相对稳定、不重不漏，具有一定的近远期适应性，供电网格之间不允许有分支线交叉供电。

武汉市供电网格划分为 A+、A、B、C、D 五类，网格数量总数为 200，其中 A+、A、B、C、D 网格数量分别为 17、91、62、14、16，总供电面积为 2698.45km^2。各区具体网格划分情况见最新修编的“七图三表成果”。

8.2.3 供电单元

（1）供电单元是配电网规划的最小单位，是在供电网格基础上的进一步细分，根据地块功能、开发情况、地理条件、负荷分布、现状电网等情况，规划中压网络接线、配电设施布局、用户和分布式电源接入，制定相应的中压配电网建设项目。

（2）在城市（园区）电网规划中，供电单元一般由若干个相邻的、开发程度相近、供电可靠性要求基本一致的地块（或用户区块）组成。在乡村电网规划中，可以自然村或行政村为供电单元划分基础。在划分供电单元时，应综合考虑供电单元内各类负荷的互补特性，兼顾分布式电源发展需求，提高设备利用率。

（3）供电单元的划分应综合考虑饱和期上级变电站的布点位置、容量大小、间隔资源等影响，饱和期供电单元内以 1～4 组中压标准接线为宜，并具备 2 个及以上主供电源。

（4）正常方式下，供电单元内各供电线路宜只为本单元内的负荷供电。

（5）供电单元划分应相对稳定、不重不漏，具有一定的近远期适应性，但应根据市政规划、变电站站址落实情况进行滚动修编。

各区具体单元划分情况见最新修编的“七图三表成果”。

8.3 网架结构选择

中压配电网网络结构规划的主要原则如下：

（1）中压配电网应优先采用站间联络，加强站间负荷转供能力。电网结构应按标准接线进行简化，消除无效联络、冗余联络、不合理分段。典型接线模式参见表 8-8。

表 8-8　　中压配电网目标网架标准接线推荐表

供电区域	架空线路	电缆线路
A+	—	π 接双链
A、B	多分段三联络联络、多分段两联络联络、多分段单联络联络	π 接双链 π 接单链
C	多分段三联络联络、多分段两联络联络、多分段单联络联络	π 接单链
D	多分段两联络联络、多分段单联络联络	—

（2）电缆网中，A+ 类供电区域中压电缆线路采用 π 接双链结构规划，A、B 类供电区域中双电源用户较为集中的地区，中压电缆线路按 π 接双链结构规划。不具备条件的供电区域，中压电缆线路按 π 接单链结构规划。实施架空线路入地改造为电缆线路的区域，应按照电缆线路的目标网架结构进行规划、设计，过渡时期电缆网允许存在双射接线。

（3）10kV 电缆网结构应扁平化。开关站、环网室（箱）宜采用环进环出 π 接方式接入主干线路，配电室经开关站、环网室（箱）双辐射一级接入。对于老旧小区开关站、环网室（箱）间隔不足的特殊情况下，小区配电室、箱式变压器可采用单环接入开关站或环网室（箱），每个环上配电室数量不超过 4 座，箱式变压器不超过 5 台。

（4）单条 10（20）kV 电缆线路负荷不宜超过 4（8）MW，

转带对侧线路后不超过 8（16）MW。应优化调整分段、联络开关位置，将负荷均匀分布。π 接单链结构中，每个开关站点负荷不应大于 2（4）MW；π 接双链结构中，每个开关站点负荷不应大于 4（8）MW。

（5）10kV 架空线路主干线一般分为 3 段，不宜超过 5 段，并装设分段开关，且不应设置在变电站出口首端。线路主要联络点应设置于主干线上，优先在主干线末段设置联络；每个分段最多设置一个联络点，优先设置在大分支末端。

（6）架空网中应逐步消除单电源大分支，主要通过变电站配套送出和已有变电站出线切改、新建大分支联络等方式解决，优先改造挂接设备多、供电半径长的分支。大分支按表 8–9 的标准判定。

表 8–9　　大分支判定标准

供电区域类型	架空线路
A+、A、B	配电变压器装接总容量超过 3000kVA、或长度超过 2km、或高压用户数量超过 5 户的分支
C、D	配电变压器装接总容量超过 1500kVA、或长度超过 4km、或高压用户数量超过 3 户的分支

8.4　导线选择

8.4.1　10kV 电缆线路

（1）以下区域宜采用电缆线路。

1）在“三跨一出”（跨越高速铁路、跨高速公路、穿重要输电走廊和变电站出线）区段。

2）A+、A 类供电区域规划为电缆的区域。

3）B、C 类重要供电区域、走廊受限，架空线路难以通过而不能满足供电需求的地区。

4）其他对供电可靠性要求较高并具备条件的经济开发区、经过重点风景旅游区的区段，可由主张方承担投资差价建设电缆。

5）局部微气象区域，经过技术经济比较，也可采用电缆。

（2）导线截面选择应考虑线路正常寿命周期内负荷增长，在新建时按其寿命周期一次性选择到位。

中压电缆线路导线截面参照表 8-10 选取。

表 8-10　　中压电缆线路导线截面推荐

类别	供电区域	导线截面（mm^2）
主干线	A+、A、B、C	400
	D	D 类供电区域（除风景名胜区、国家自然保护区等有特殊需求的场所）不得采取电缆
分支线	A+、A、B、C	240
	D	D 类供电区域（除风景名胜区、国家自然保护区等有特殊需求的场所）不得采取电缆

8.4.2 10kV 架空线路

（1）A+、A、B、C、D 类供电区域的 10kV 主干线、分支线导线截面均推荐选择 240mm^2。

（2）10kV 架空线路一般应采用架空绝缘导线，如因防雷等特殊情况必须采用架空裸导线的需进行技术论证。

8.5 目标网架过渡

中压配电网应根据地方经济发展对供电能力和供电可靠性的要求，通过电网建设和改造，逐步过渡到目标网架，过渡方案如下：

8.5.1 架空网结构发展过渡

对于辐射式接线，在过渡期可采用首端联络以提高供电可靠性，条件具备时可过渡为变电站母线内联络或变电站站内联络（自环）。

同站单联络指由来自同一变电站的不同母线的两条线路末端联络，一般适用于电网建设初期，对供电可靠性有一定要求的区域。具备条件时，可过渡为来自不同变电站的线路末端联络，在技术上可行且改造费用低。

8.5.2 电缆网结构发展过渡

（1）单射式。单射式在过渡期间可架空线手拉手，以提高其供电可靠性，随着网络逐步加强，该接线方式需逐步演变为单环式接线，在技术可行且改造费用低大规模公用网，尤其是架空网逐步向电缆网过渡的区域，可以在规划中预先设计好接线模式及线路走径在实施中，先形成单环网，注意尽量保证线路上的负荷能够分布均匀，并在适当环网点处预留联络间隔。随负荷水平的不断提高，再按照规划逐步形成分段联络接线模式，满足供电要求。

（2）双射式。双射式在过渡期要做好反外力的措施，以提高其供电可靠性，有条件时可发展为对射式或双环式或 *N* 供一备，在技术上可行且改造费用较低。

10kV 电网结构过渡方式示意图如图 8-1 所示。

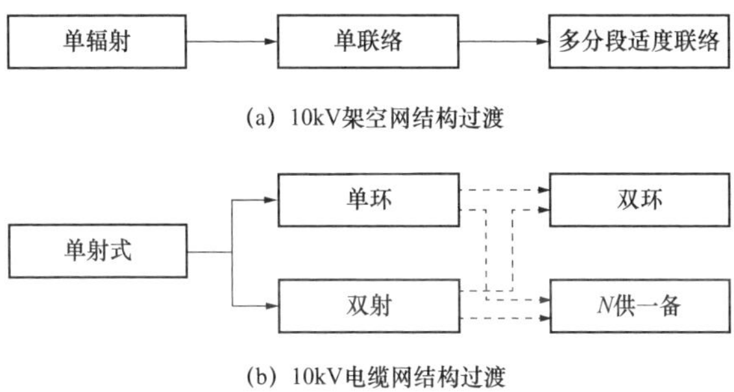

图 8-1　10kV 电网结构过渡方式示意图

8.6 规划案例

8.6.1 中压规划案例

（1）城区案例：江岸区武汉天地单元。

1）单元概况。武汉天地单元属于武汉天地网格（HB-WH-HK-WHTD）位于汉口滨江商务区，东临沿江大道、西接解放大道，南至武汉大道，北至韦桑东路，面积为 0.92km^2，属于 A+ 类供区。该单元定位为“长江主轴”的重要组成部分，将打造成武汉市的中心地标，并按照“锻造武汉长板引领全公司发展”的原则，打造成零计划停电区域，满足高质量供电和高可靠性需求。武汉天地网格现状拓扑图见图 8–2。

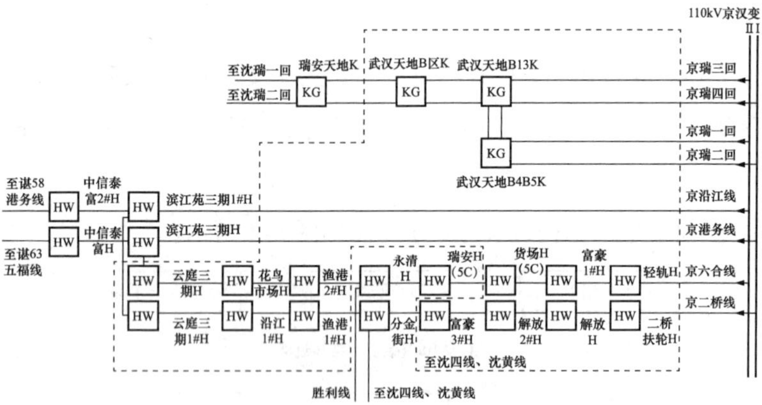

图 8–2 武汉天地网格现状拓扑图

天地单元现状主要由 110kV 京汉变 6 回（京六合线、京二桥线、京瑞一回、京瑞二回、京瑞三回、京瑞四回）10kV 电缆线路供电，线路长度 19.36km，配电变压器 73 台，配电变压器容量 56565kVA，线路平均负载率 20.15%。该单元以电缆非典型接线方式为主。

2）存在问题。

①京二桥线、京六合线重载且多联络，不符合目标网架；

②京二桥线、京六合线与京沿江线、京港务线自环，且与谌家矶变、沈阳路变多联络，联络复杂，主要节点不具备自动化功能；

③京瑞一、二回与京瑞三、四自环，与沈阳路变多联络，接线复杂，主要节点不具备自动化功能。

3）目标网架。2025 年，武汉天地单元将形成京汉变与沈阳路变 3 组双链标准接线，远景年，武汉天地单元中京汉变与沈阳路变的 3 组双链将由江滩变转带，形成京汉变与江滩变的 3 组双链标准接线。2025 年武汉天地网格 10kV 地理接线见图 8-3。远景年武汉天地网格 10kV 地理接线见图 8-4。

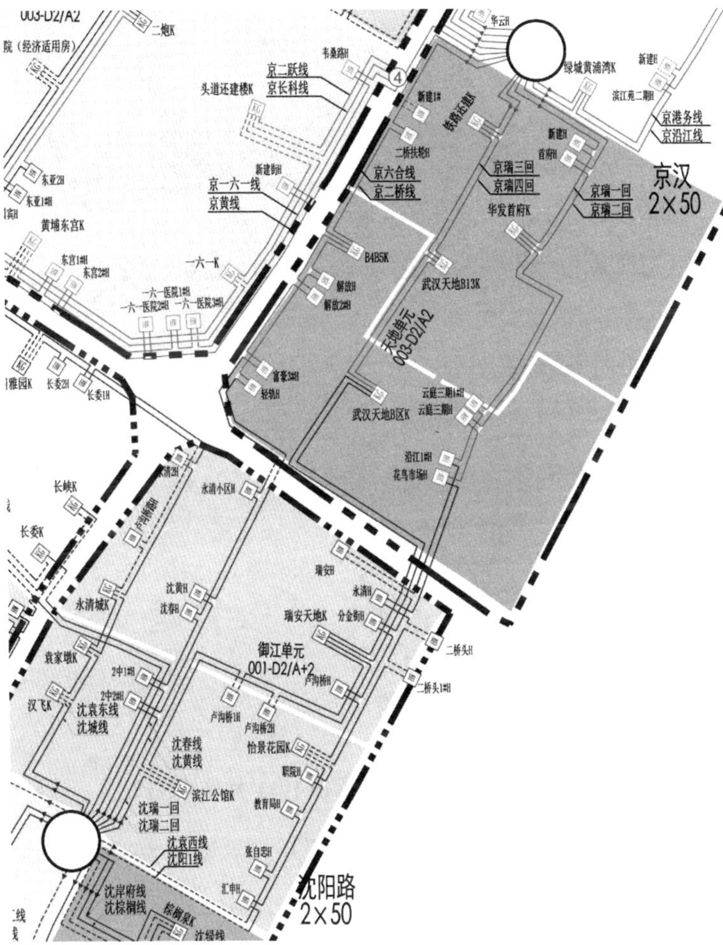

图 8-3　2025 年武汉天地网格 10kV 地理接线图

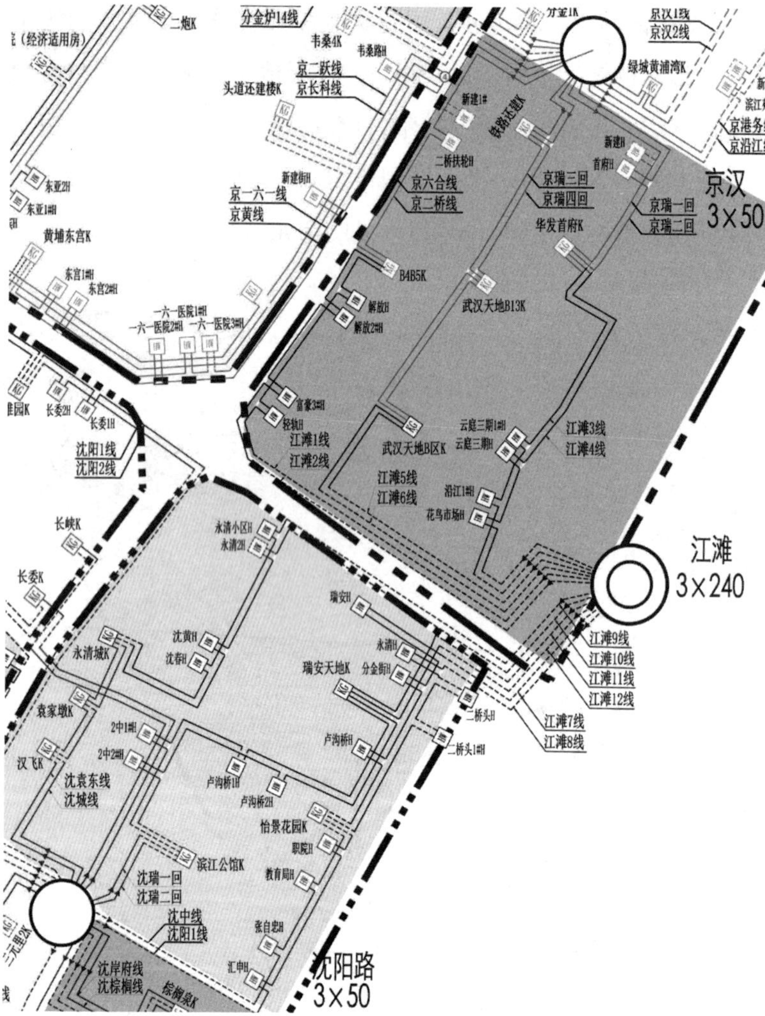

图 8-4　远景年武汉天地网格 10kV 地理接线图

4）解决方案。武汉天地单元解决方案见表 8-11。实施后 2025 年武汉天地网格拓扑图见 8-5。

表 8-11　　武汉天地单元解决方案

问题	解决措施	方案描述
①京二桥线、京六合线重载；	武汉市江岸区京汉110kV变电站10kV京汉515京六合线、京汉705京二桥线改造工程	①通过京汉变电站京汉515京六合线、京汉705京二桥线与沈61沈黄线、沈82沈春线形成双环网的接线方式；
②京二桥线、京六合线与京沿江线、京港务线自环，且与谌家矶变、沈阳路变多联络，联络复杂； ③主要节点不具备自动化功能；二桥扶轮环网、解放环网、轻轨环网、富豪3号环网不具备实现自动化“三遥”		②武汉天地B4B5开闭所新增自动化装置、二桥扶轮环网、解放环网、轻轨环网、富豪3号环网更换为一、二次融合环网箱； ③新增配电站房辅控系统、交换机、光电综合配电箱
①京瑞一、二回与京瑞三、四自环，与沈阳路变多联络，接线复杂； ②主要节点不具备自动化功能	武汉市江岸区京汉110kV变电站10kV京汉512京瑞三回、京汉602京瑞四回改造工程	①通过京汉512京瑞三回、京汉602京瑞四回与沈79沈瑞一回、10kV沈80沈瑞二回形成双环网的接线方式； ②武汉天地B13开闭所、武汉天地B区开闭所、瑞安天地开闭所共新增6套分布式自动化设备，新建交换机3台，新建光电综合配电箱3台

续表

<table>
<tr><th>问题</th><th>解决措施</th><th>方案描述</th></tr>
<tr><td rowspan="4">①京瑞一、二回与京瑞三、四自环，与沈阳路变多联络，接线复杂；
②主要节点不具备自动化功能</td><td>武汉市江岸区京汉110kV变电站10kV京汉512京瑞三回、京汉602京瑞四回开闭所智能分布式自动化改造工程</td><td rowspan="2">—</td></tr>
<tr><td>武汉市江岸区京汉110kV变电站10kV京汉512京瑞三回、京汉602京瑞四回智能配电站房改造工程</td></tr>
<tr><td>武汉市江岸区京汉110kV变电站10kV京汉512京瑞三回、京汉602京瑞四回智能台区改造工程</td><td>③武汉天地B13开闭所、武汉天地B13区1号公用配电室新增2套智能配电站房；将武汉天地B13区1号公用配电室改造为智能台区；新增9套配电站房辅控系统</td></tr>
<tr><td>武汉市江岸区京汉110kV变电站10kV京汉516京瑞一回、京汉704京瑞二回改造工程</td><td>运用京瑞一、二回10kV间隔，将京头道和京华云的环网柜出线改接至京汉变，形成京瑞一、二回至沈袁西、沈阳1线的1组电缆π接双链</td></tr>
</table>

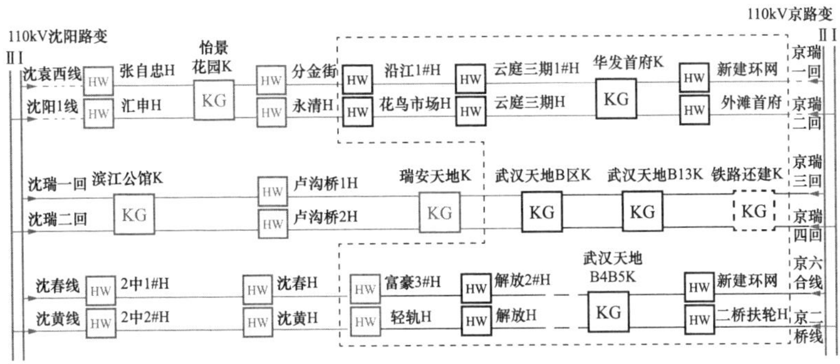

图 8–5　实施后 2025 年武汉天地网格拓扑图

注：按照目标网架，京沿江线和京港务线改造后将不为武汉天地网格供电。

5）成效分析。至 2025 年，武汉天地单元将形成京汉变与沈阳路变 3 组双链标准接线，建成标杆网格单元，打造“零停示范区”，核心指标达到国际领先水平，用户预安排平均停电时间为 0h，用户故障平均停电时间不超过 0.5h。

安全可靠方面，全面建成标准化网架，实现站间互济，全面实现零计划停电，10kV 线路联络率、10kV 线路 N–1 通过率、10kV 标准化接线率均达到 100%；透明高效方面，全面推广“三遥”开关覆盖率，灵活应用光纤、5G 等多种通信方式，不停电作业化率、配电自动化有效覆盖率、开关站配电自动化覆盖率、配电通信网覆盖率均达到 100%；清洁低碳方面，源网荷储协调控制，负荷接入资源透明，新能源和多元负荷用能需求得到充分满足，电动汽车充电桩报装接入率、并网型分布式光伏检测率、分布式新能源消纳率均达到 100%；柔性互动方面，实现配电业务数字化转型，无人机巡线、机器人巡检等广泛应用，配电网设备可开放容量共享率、数字化班组覆盖率均达到 100%。

（2）开发区案例：东新区未来网格。

1）单元概况。未来网格（HB-WH-DX-WL）属于东新区八大产业园中的光谷未来科技城，位于高新大道以南、福银高速以东、沪渝高速以北、严家湖以西，面积为 17.52km^2。属于 A 类供区。

该网格位于武汉新城核心区，以战略性新兴产业和高新技术服务业为重点，打造全球有影响力的创新创业中心。打造未来城 CTBD、作为武汉新城启动区及政治中心聚焦亮点服务，着力推进 3 大设施，建设光谷三医院未来城园区、未来城体育中心、未来城文华中心。

2）存在问题。未来网格现状拓扑见图 8-6。

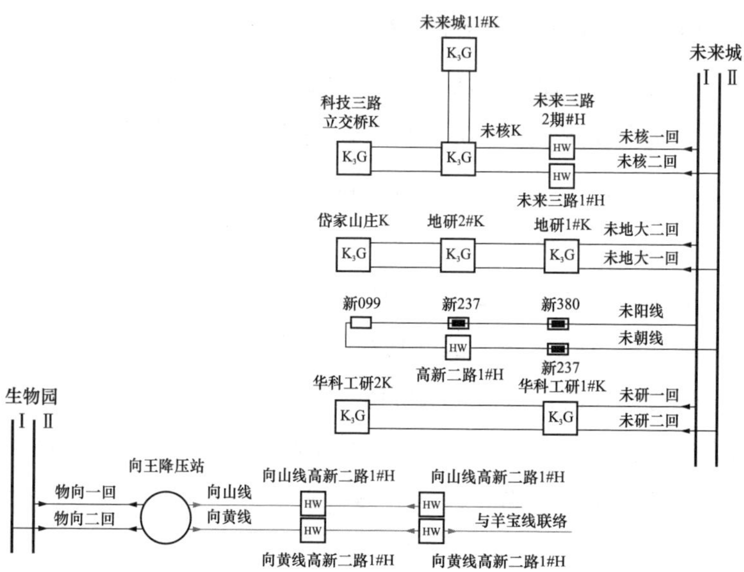

图 8-6　未来网格现状拓扑图

①未核一回、未核二回重载且为电缆双射，未形成异站联络；

②未地大二回、未地大一回重载且为电缆双射，未形成异站联络；

③未研一回、未研二回电缆双射，未形成异站联络；

④未阳线、未朝线为架空单联络，且未配置配电自动化装置；

⑤向山线为单辐射线路。

3）目标网架。2025 年，未来网格共形成 10 组双链标准接线、1 组单链接线，分别为：东扩 13 号变压器与未来变压器形成 4 组双链标准接线，东扩 13 号变压器与科学岛降压站变压器形成 2 组双链标准接线，东扩 13 号变压器与向王降压站变压器、东扩 13 号变压器与潜力变压器形成、向王降压站变压器与潜力变压器、向王降压站变压器与生物园变压器各形成 1 组双链标准接线，东扩 13 号变压器与豹澥变压器形成 1 组单链接线。2025 年未来网格 10kV 地理接线图见图 8–7。

远景年，未来网格共形成 13 组双链标准接线、1 组自环接线，分别为：东扩 13 号变压器与东扩 11 号变压器、未来变压器各形成 3 组双链标准接线，东扩 13 号变压器与豹澥变压器形成 2 组双链标准接线，东扩 13 号变压器、豹澥分别与东扩 14 号变压器形成 2 组双链标准接线，未来变压器与东扩 14 号变压器形成 3 组双链标准接线，东扩 14 号变压器形成 1 组自环接线。远景年未来网格 10kV 地理接线图见 8–8。

4）解决方案。未来网格解决方案见表 8–12。

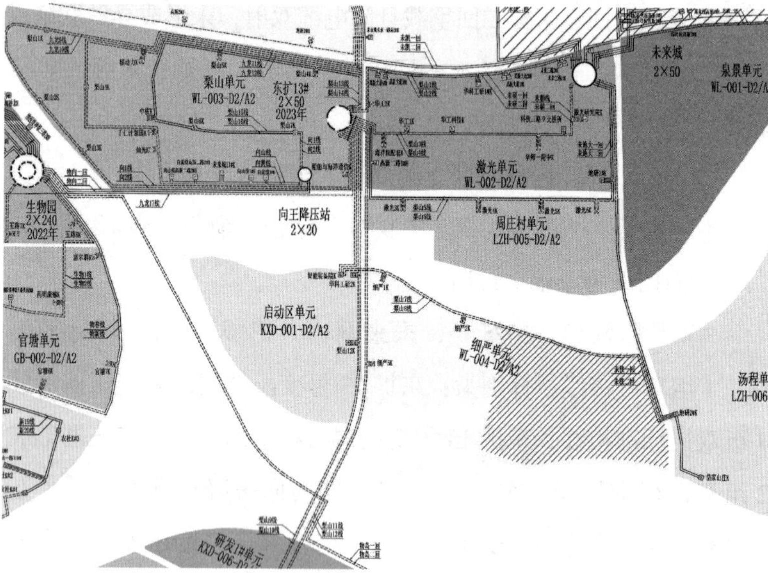

图 8–7　2025 年未来网格 10kV 地理接线图

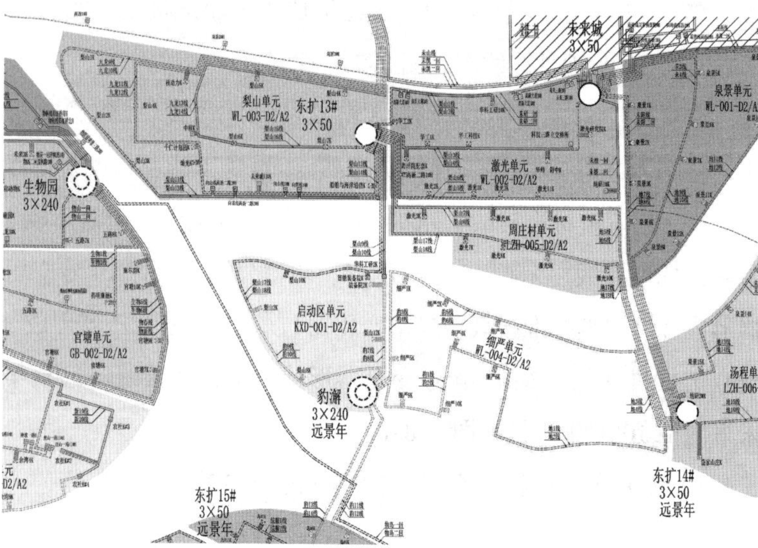

图 8–8　远景年未来网格 10kV 地理接线图

表 8–12 未来网格解决方案

问题	解决措施	方案描述
未核一回、未核二回重载且为电缆双射，未形成异站联络	武汉市东新区东扩 13 号 110kV 变电站 10kV 梨山 7、8 线新建工程	通过东扩 13 号变压器新建梨山 7、8 线切改未核一、二回，形成东扩 13 号至未来城变压器的 1 组双链接线，解决未核二回重载
未地大二回、未地大一回重载且为电缆双射，未形成异站联络	武汉市东新区东扩 13 号 110kV 变电站 10kV 梨山 5、6 线新建工程	通过东扩 13 号变压器新建梨山 5、6 线切改未地大一、二回，形成东扩 13# 至未来城变压器的 1 组双链接线，解决未地大一、二回重载
未研一回、未研二回电缆双射，未形成异站联络	武汉市东新区东扩 13 号 110kV 变电站 10kV 梨山 2、1 线新建工程	通过东扩 13 号变压器新建梨山 2、1 线切改未研一、二回，形成东扩 13 号至未来城变压器的 1 组双链接线
未阳线、未朝线为架空单联络，且未配置配电自动化装置	武汉市东新区东扩 13 号 110kV 变电站 10kV 梨山 4、3 线新建工程	通过东扩 13 号变压器新建梨山 4、3 线切改未阳线、未朝线，形成东扩 13 号至未来城变压器的 1 组双链接线，同时加装配电自动化装置
向山线为单辐射线路	武汉市东新区东扩 13 号 110kV 变电站 10kV 梨山 13、14 线新建工程	通过东扩 13 号变压器新建梨山 13、14 线切改向山线、向黄线，形成东扩 13 号至向王降压站的 1 组 π 接双链

实施后未来网格拓扑图见图 8–9。

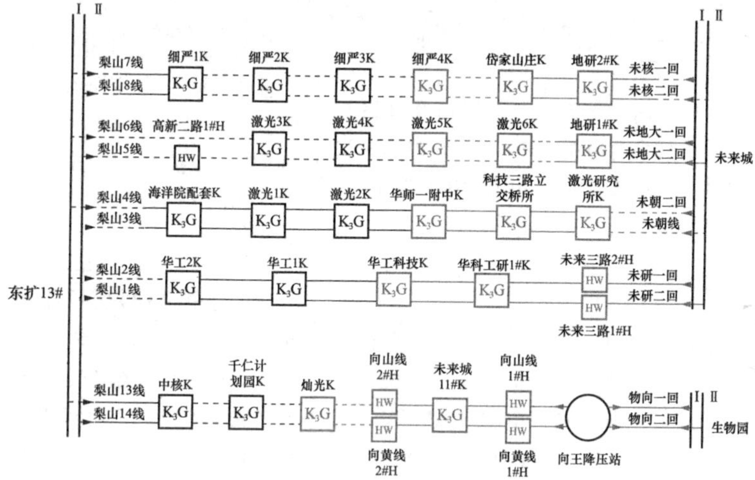

图 8–9　实施后未来网格拓扑图

5）成效分析。至 2025 年，未来网格将形成 5 组双链标准接线，建成标杆网格单元，站间联络率提升至 100%，供电可靠率提升至 99.991%，平均负载率提升至 43.68%，各项指标及自动化水平逐步达到标准网格要求，线路平均负载率保持合理水平，现状问题全部得到解决，满足新增负荷的用电需求。待远景年 220kV 豹澥变压器，110kV 东扩 14 号变压器建成后，打造成标杆网格，构建安全可靠、智能互动、绿色低碳的优质电网。安全方面，实现通道监测数字化管理，提升了通道安全性。同时，实现充电桩服务半径 1km，满足居民充电需求。推动城市景观升级，助力政府招商引资。

（3）农网案例：黄陂姚集双龙网格。

1）单元概况。姚集双龙网格位于黄陂北部区域，按供电所管理边界划分为一个供电网格，网格面积 134.89km^2，供电区域为 D 类，共划分为 1 个供电单元。主要用地性质以居住为主。该区域为农村区域。

采用人均电量法，曲线拟合法与负荷密度校验法得到姚集双龙网格饱和年负荷为 21.07MW，近期采用大用户加自然增长法预测得到 2025 年负荷为 14.24MW。

2）存在问题。姚集双龙网格现状拓扑图见图 8–10。

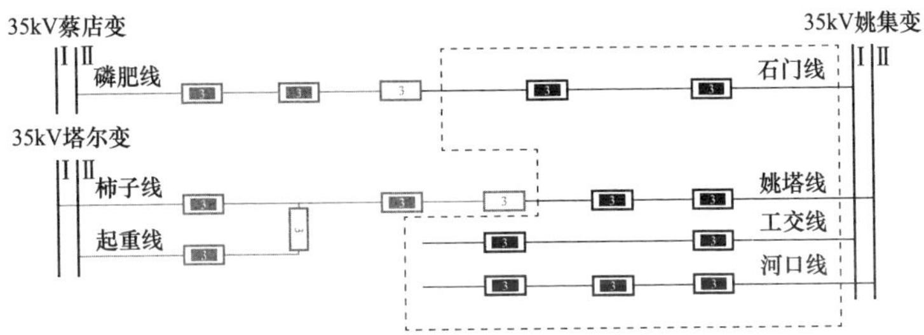

图 8–10　姚集双龙网格现状拓扑图

①峰度夏期间，石门线（TA 卡口）重载，负载率为 91.95%；

②迎峰度夏期间，工交线（TA 卡口）过载且为单辐射线路，负载率为 126.48%；

③迎峰度夏期间，河口线（TA 卡口）过载且为单辐射线路，负载率为 127.21%。

3）目标网架。姚集双龙网格饱和年出线 7 回，与周边或网格内变电站形成 5 组架空三分段单联络接线。姚集双龙网格饱和年地理图见图 8–11。

4）解决方案。

饱和年姚集双龙网格解决方案见表 8–13。

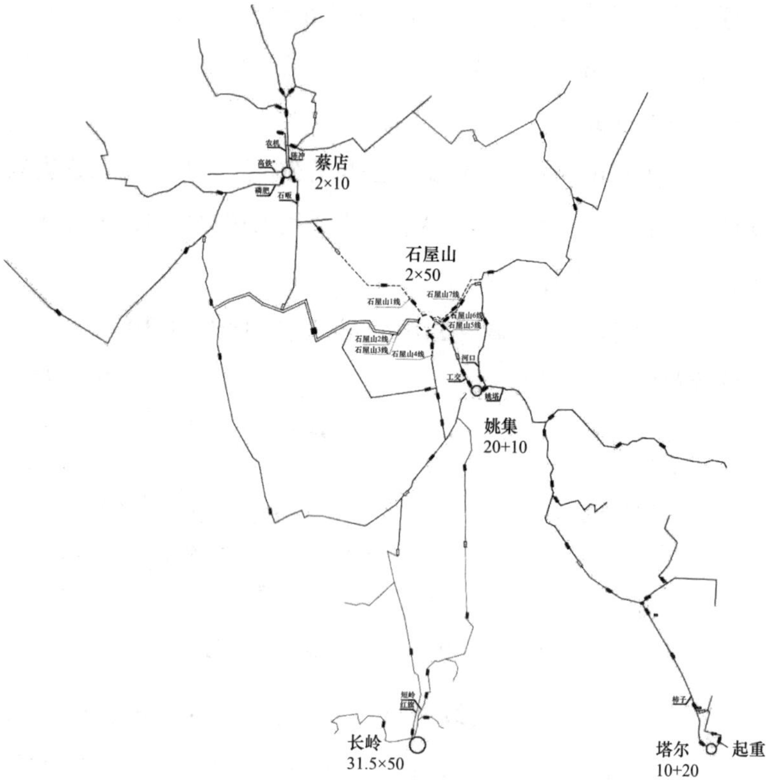

图 8–11　姚集双龙网格饱和年地理图

表 8–13　饱和年姚集双龙网格解决方案

问题	解决措施	方案描述
①迎峰度夏期间，石门线、工交线、河口线重过载运行；	武汉市黄陂区石屋山 110kV 变电站 10kV 石屋山 2、4 线新建工程	①石屋山变配出 2、3 线 π 开蔡店变磷肥线石门支线，切改石门线石门支线负荷，形成石屋山到蔡店、石屋山到长岭的 2 组三分段单联络接线；

续表

问题	解决措施	方案描述
②石门线低电压台区2台：10129王家湾公共变压器、10131石门公共变压器	武汉市黄陂区石屋山110kV变电站10kV石屋山1、3线新建工程	②石屋山变配出4线转接石门线负荷，并延伸线路与长岭变短岭线联络。形成石屋山到长岭的1组三分段单联络接线； ③石屋山变配出6、7线π开姚集变压器河口线，解决河口线过载，7线与蔡甸变压器陈冲线联络，形成石屋山到蔡店、石屋山到姚集的2组三分段单联络接线； ④石屋山变压器配出5线与姚集变压器工交线形成一组三分段单联络，解决工交线过载
	武汉市黄陂区石屋山110kV变电站10kV石屋山5、6线新建工程	
	武汉市黄陂区石屋山110kV变电站10kV石屋山7线新建工程	

5）成效分析。至2025年，通过规划项目的实施，各项指标及自动化水平逐步达到预期目标。10kV线路联络率、N-1通过率均达到100%，供电可靠率由99.9322%提升至2025年99.9873%。现状问题全部得到解决，满足该区域供电需求。

实施后姚集双龙网格拓扑图见8-12。

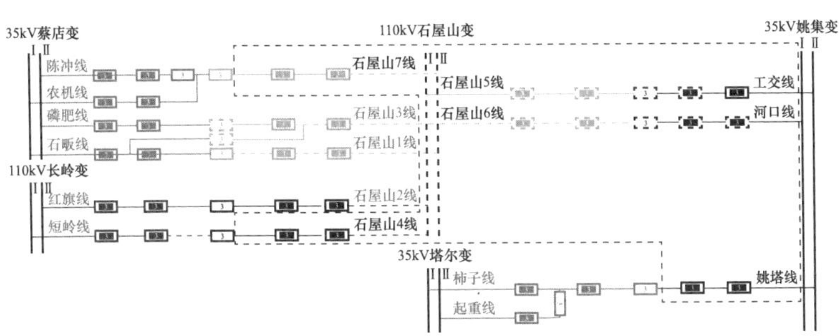

图8-12　实施后姚集双龙网格拓扑图

（4）国内先进城市配电网案例对比。为适应上海城市规划、国家电网公司“具有中国特色国际领先的能源互联网企业”发展战略和上海世界一流城市配电网建设目标，解决现状配电网的实际问题，国网上海市电力公司基于现状配电网的条件和配电网发展目标，提炼出“钻石型”配电网的网架结构。10kV“钻石型”配电网结构示意图见图 8–13。

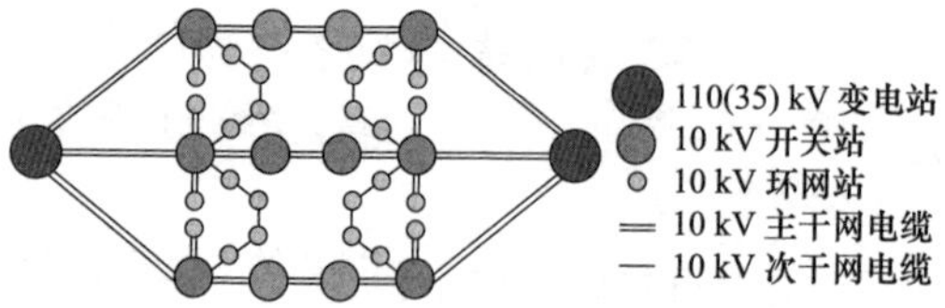

图 8–13　10kV“钻石型”配电网结构示意图

10kV“钻石型”配电网是指以开关站为核心节点、双侧电源供电、双环网连接、开环运行、配置自愈的电缆主干网，具有“全电缆、全断路器、全互联、全自愈”的特征。

“钻石型”配电网与传统以环网室（箱）为节点的双环网相比，具有以下优势。

1）适应性强：“钻石型”配电网在地块内提供了不同容量 10kV 用户和低压用户的接入电源，可以适应地块内用户情况的差异化，形成了以 10kV 开关站、配电室和环网室（箱）为核心的中低压用户接入的平台。

2）不影响供电可靠性：传统双环网中用户接入时需就近新增环网（室）柜，并接入主环网线；当用户单回容量增容至 800kVA 以上或大于 800kVA 的用户接入已建环网柜时，环网柜出线侧需改造为断路器，接入工程在主干环网上均会产生线路停电，影响供电可靠性。“钻石型”配电网中用户接入均不影响主干环网线路的运行，不会产生停电时间。

3）用户接入费用低：传统双环网中10kV用户接入线路需延伸至地块边界，并产生主干环网接入新建环网柜的费用。“钻石型”配电网中用户接入线路在地块内就近接入，相对接入线路较短，用户投资费用较低。

4）对站址、通道资源要求较低：“钻石型”配电网中用户接入电源站址相对集约化（单站址可提供电源间隔多、可同时提供中压与低压电源间隔），可避免市政道路上设置大量环网室（箱）或箱式变压器，提升市容环境。在通道上，传统双环网需多个地块内延伸市政道路的电缆通道，“钻石型”配电网用户接入线路通道可在地块内敷设，相对通道长度短。

8.6.2 低压规划案例

（1）台区概况。10kV汪57汪周线大泊3号台区位于武汉市新洲汪集35kV变电站，该台区新增负荷较多，变压器容量偏小，导线对地安全距离不足，部分电杆倾斜，台架金具锈蚀，低压线路肆意搭接，在维护方面存在困难，同时影响台区的安全供电和居民的正常用电。

（2）存在问题。10kV汪57汪周线大泊3号台区供电半径610m，户均容量小于2.5kVA，导线线径偏小，新增负荷较多，变压器容量偏小。

（3）解决方案。汪周线大泊3号台区解决方案见表8-14。台区改造前工程 10kV 系统接线图见图 8–14，台区改造后工程 10kV 系统接线图见图 8–15。

表 8–14　　　　　　汪周线大泊 3 号台区解决方案

问题	解决措施	方案描述
①台区供电半径较大； ②台区末端存在低电压； ③台区导线线径、变压器容量偏小	武汉市新洲汪集 35kV 变电站 10kV 汪 57 汪周线大泊 3 号台区改造工程	①拆除原 S9–80kVA 变压器，新增 2 台 S13–100kVA 变压器，一台 S13–200kVA 变压器； ②新立：ϕ190×12m 水泥电杆 7 根，ϕ190×15m 水泥电杆 8 根，ϕ350×12m 水泥电杆 6 根；ϕ350×15m 水泥电杆 11 根； ③架设 JKLYJ–1kV–1×185 导线 0.48km×4，架设 JKLYJ–1kV–1×120 导线 0.58km×4；JKLGYJ–10kV–120 导线 0.52km×3； ④敷设 YJV–2×25 低压电缆 200m，YJV–4×25 低压电缆 520m，YJV–4×35 低压电缆 380m，YJV–4×50 低压电缆 170m； ⑤电能表进出线整治，改造电能表进出线 BVVB–2×6 护套线 655m； ⑥新增电缆端子分线箱 35 台，安装改造低压电缆中间箱 10 台

（4）成效分析。改造后，供电半径从 610m 减小到 400m 以下、户均容量增大至 2.5kVA 以上、末端电压提高至 215V、电压损失减小至 4% 以下、低压故障率降低、年故障率下降至 3 次以下。对线路及设备的健康运行有良好的改善，消除安全隐患，提高了供电质量、可靠性，保障了居民正常有序的生活用电。

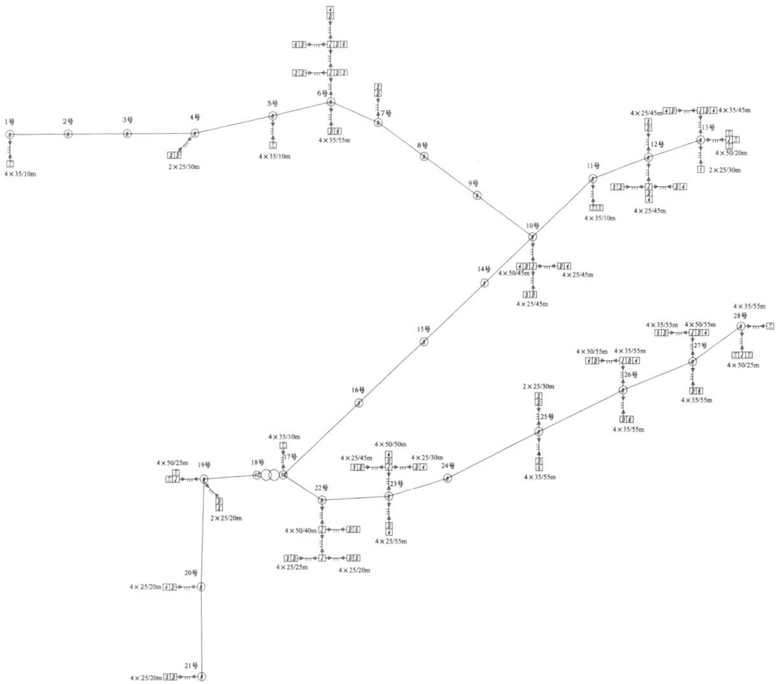

图 8-14　台区改造前工程 10kV 系统接线图

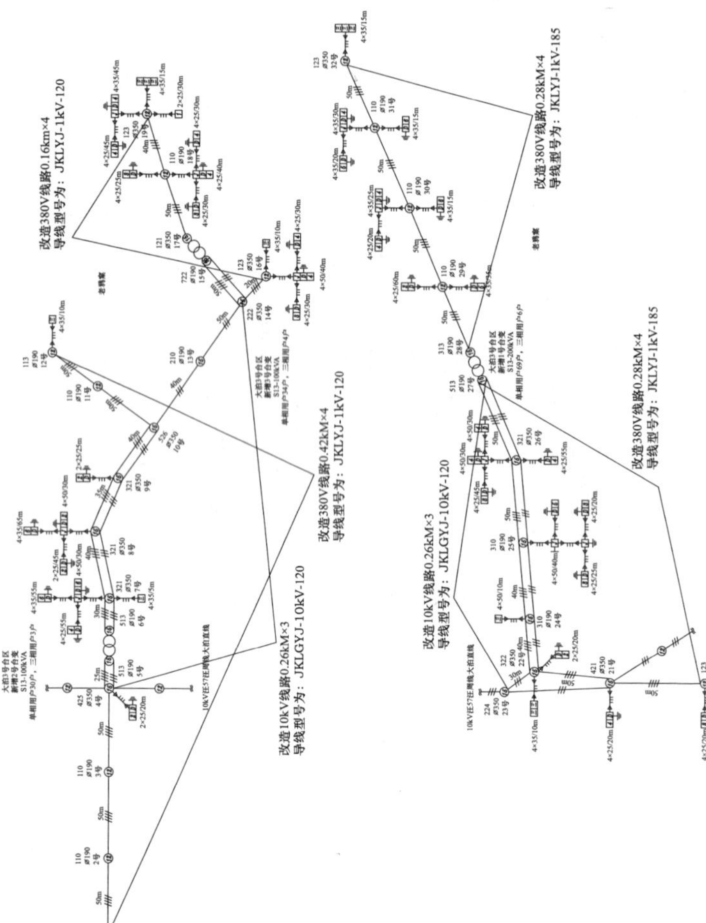

图 8-15　台区改造后工程 10kV 系统接线图

9　二次系统及智能化规划

9.1　基本要求

（1）配电自动化覆盖是指配电线路部署有配电自动化设备，有效覆盖是指配电线路满足配电自动化监测范围要求的同时，实现故障定位及自动隔离功能。

（2）配电线路的自动化建设改造不仅要能处理短路故障，也要具备接地故障的处理能力，配合主站或就地实现接地故障的定位与隔离。

（3）配电线路干线自动化分段开关（含环网箱）数量不宜少于2台，实现干线3～5分段，每段负荷不宜超过2MW，有效联络开关、重要分段开关及分支开关应具备三遥功能。

（4）结合日常运行及故障处置需求，合理选点，杜绝片面追求“全三遥”造成的大拆大建。

（5）长度大于1000m或负荷占线路总负荷25%及以上的分支线路首端，宜安装分支断路器，实现支线故障就地处理，原则上只安装首级分支开关，对于部分负荷较大、线路较长的分支线路可适当增配分支分段开关。

（6）对直接接于主干线、接于支线且接入变压器总容量在315kVA及以上的专用变压器用户，宜加装分界开关，避免用户故障影响支线和干线。

（7）对于接带用户较少（一般不多于5个用户）、负荷分布较为集中的单辐射线路，可视作简单线路，待线路负荷逐步接入后再进行自动化改造。

9.2 保护与馈线自动化配置要求

（1）原则上应采用“出线+分支首端+分界”三级保护模式，不具备条件的可采用“出线+分支首端”或“出线+分界”两级保护模式，主干线宜采用馈线自动化进行故障处置，对于采用多级分段开关的长线路，可在中间分段开关增配一级保护。

（2）变电站出线断路器配置两段式相间电流保护，重合闸功能宜根据现场故障处置及馈线自动化功能部署情况加用。大分支线路可装设一级分支断路器，配置过流保护与变电站出线断路器进行级差配合，避免支线故障造成主干线停电，可配置一次重合闸，避免瞬时性故障造成停电。分界开关可配置过流保护与变电站出线断路器进行级差配合，避免用户侧故障造成线路停电。

（3）对于中性点经低电阻接地或经消弧线圈并低电阻接地系统，变电站出线断路器应配置零序过流保护，分支断路器、分界断路器配置零序过流保护，逐级配合快速就近隔离接地故障；在变电站出线断路器不具备就地接地故障判别功能的情况下，首级分段开关应加用零序过流保护功能。

（4）对于中性点非有效接地系统（包括经消弧线圈接地或不

接地），变电站出线断路器、分支断路器、分界断路器应具备就地接地故障判别功能，实现接地故障快速就近隔离；在变电站出线断路器不具备就地接地故障判别功能的情况下，首级分段开关应加用就地接地故障判别功能。

（5）对于就地型馈线自动化区域，应保证故障信息上送至配电自动化主站。

（6）就地型馈线自动化推荐使用改进电压－时间型（带后加速）、自适应综合型。

9.3 一次设备选型要求

（1）配电自动化开关类设备选型应优先采用一、二次融合成套开关，一、二次设备同步安装、调试、投运。

（2）电缆线路环网箱进线开关宜采用负荷开关，出线开关宜采用断路器；进线开关具备相间短路故障、接地故障检测能力，出线开关具备两段式相间过流保护、零序保护、故障录波功能，自动切除短路和接地故障，相关信息应上传配电自动化主站。

（3）架空线路柱上分段开关一般采用断路器（采用集中型馈线自动化区域可采用负荷开关），具备相间短路故障、接地故障检测能力，支持“集中型”和“就地型”两种馈线自动化模式。

（4）分支断路器具备相间短路故障、接地故障检测及就地开断能力，配置两段式相间过流保护、零序保护、故障录波及重合闸功能，相关信息应上传配电自动化主站。

（5）用户断路器型分界开关，应具备相间短路故障、接地故障检测及就地开断能力，配置两段式相间过流保护、零序保护、故障录波功能，相关信息宜上传配电自动化主站。

（6）联络开关应具备相间短路故障、接地故障检测及就地开断能力，相关信息应上传配电自动化主站。

9.4 终端设备要求

（1）配电终端应具备监测完整的遥测、遥信数据信息功能。遥测信息包括各路三相电流、零序电流、三相电压、零序电压、故障录波等数据；遥信信息包括开关变位、保护事件、远方就地等信号；终端保护定值等参数应可远方调阅、下发。

（2）具备控制、重合闸投退、保护出口、过流检测、接地故障检测、历史数据存储与调阅、故障录波、远程维护等功能。可与主站具备实时通信，能够将现场故障信号（事故总信号）、开关变位信号等上送主站。

（3）支持“集中型”和“就地型”两种馈线自动化模式，满足不同中性点接地方式下的单相接地故障处置需求。

（4）后备电源应采用免维护阀控铅酸蓄电池，保证完成“分－合－分”操作并维持终端及通信模块运行至少 4h。

（5）不同类型配电终端匹配不同通信方式，三遥配电终端采用光纤通信方式，可采用电力线载波通信进行补充；二遥配电终端、故障指示器采用无线通信方式，可采用电力线载波通信进行补充。

（6）部署于联络关口的配电终端应具备线损管理模块，采样精度不低于 0.5s 级。

9.5 典型案例

根据不同供电区域可靠性要求，应从终端及一次设备选型、通信方式、馈线自动化模式等方面差异化开展建设。

9.5.1 A+、A 类供电区域

A+、A 类区域负荷密集，对供电可靠性要求高，多为重点城市的中心区域，以电缆环网结构为主，架空线路应实现多分段多联络，须具备极快的故障处理方式和全面性的恢复手段。配电自动化系统建设模式根据以下原则选择：

（1）功能选型。A+、A 类供电区域线路自动化监测范围宜为 1 ~ 2km，通信方式以光纤通信为主，可采用无线、电力线载波通信进行补充。故障处理模式宜采用智能分布式或集中型馈线自动化与保护配合模式，电缆线路站内 10kV 出线开关退出重合闸功能，架空线路或架空部分占比较高的混合线路站内 10kV 出线开关投入重合闸功能。

（2）典型方案。

1）典型电缆线路。该线路位于 A+ 类供电区域，用户为商业 CBD 和政府单位，对供电可靠性要求高。该区域的配电室由 S1、S2、S3、S4 四条线路双环网供电。A+ 区域典型电缆线路见图 9–1。

配置方案：双环网线路主干线的环网柜选用一、二次融合环网柜，环网柜进线采用负荷开关，出线采用断路器，配套安装“三遥”配电自动化终端，具备测量、控制、重合闸投退、保护

出口、过流检测、接地故障检测、历史数据存储与调阅、故障录波、远程维护等功能。

馈线自动化及保护选型方案：选用集中型或智能分布式馈线自动化模式。进线开关配置过流和接地告警，出线开关配置过流速断和接地保护，加用跳闸功能，与变电站出线断路器进行级差配合，避免用户侧故障造成线路停电。

通信方式：主要采用光纤通信方式，可采用电力线载波通信进行补充。

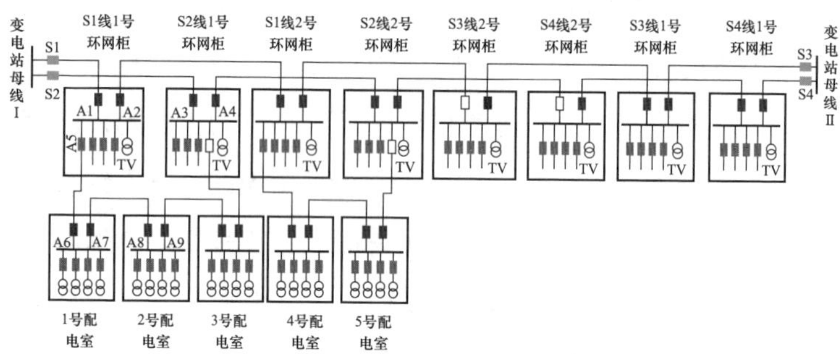

图 9-1　A+ 区域典型电缆线路

2）典型混合线路。该线路位于 A+ 类供电区域，为重要商业用户，对供电可靠性要求较高，由 S1、S2 两条线路供电。A+ 区域典型混合线路见图 9-2。

配置方案：对于配电线路关键性节点（A1、A2、A3、A4、A5、A6、A7、A8）配置具备三遥功能的分段开关、环网箱，每个用户前侧加装可就地切除故障的断路器式分界开关（B1、B2）。

馈线自动化及保护选型：选用集中型或智能分布式馈线自动化模式。分段开关及环网箱进线开关配置过流和接地告警，分支、分界及环网箱出线开关配置过流速断和零序延时保护，加用跳闸功能，与变电站出线断路器进行级差配合，避免用户侧故障造成线路停电。

通信方式：配电自动化终端主要采用光纤通信方式，可采用无线、电力线载波通信进行补充。

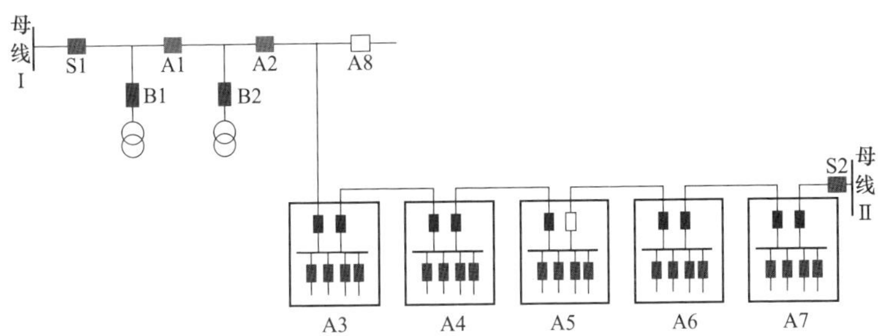

图 9–2　A+ 区域典型混合线路

3）典型架空线路（多分段、多联络）。该线路位于 A 类供电区域，为重要商业用户，对供电可靠性要求较高。A 区域典型架空线路见图 9–3。

配置方案：对于配电线路关键性节点（A1、A2、A3、A4、A5）配置具备三遥功能的分段、分支开关，用户前侧加装具备可就地切除故障的断路器式分界开关（B1、B2、B3）。

馈线自动化及保护选型：选用集中型馈线自动化模式，分段开关配置过流和接地告警，分支、分界开关配置过流速断和零序延时保护，加用跳闸功能，与变电站出线断路器进行级差配合，避免用户侧故障造成线路停电。

通信方式：配电自动化终端主要采用光纤通信，可采用无线、电力线载波通信进行补充。

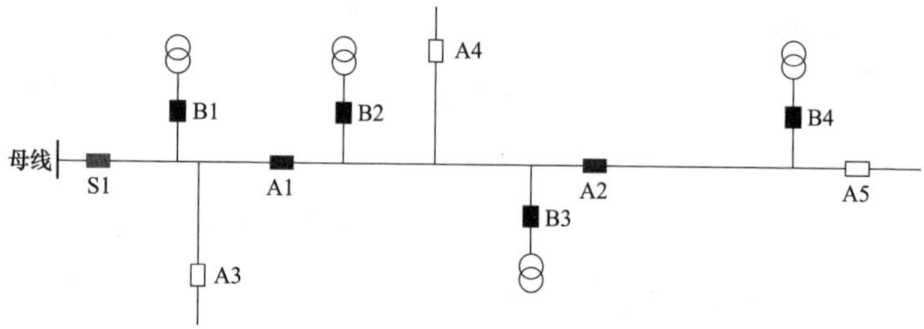

图 9-3　A 区域典型架空线路

4）典型架空线路（长线路）。A 区域典型架空线路见图 9-4。

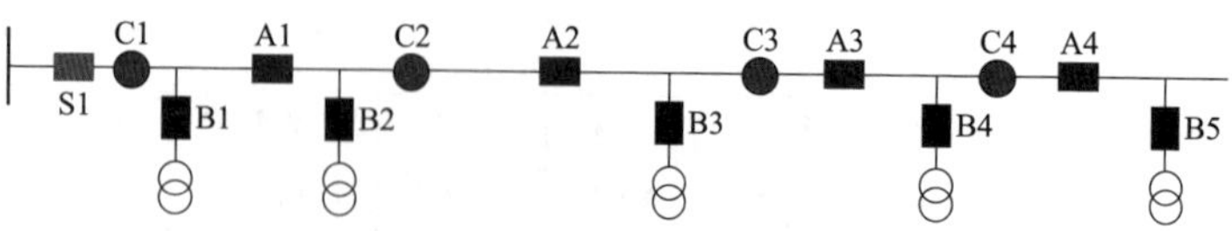

图 9-4　A 区域典型架空线路

配置方案：对于配电线路关键性节点（A1、A2、A3、A4）配置具备三遥功能的分段开关，用户前端加装可就地切除故障的断路器式的分界开关（B1、B2、B3、B4、B5），分段开关之间根据监测范围（1～2km）适当安装远传型故指（C1、C2、C3、C4）。

馈线自动化及保护选型：选用集中型馈线自动化模式，分段开关配置过流和接地告警，分支、分界开关配置过流速断和零序延时保护，加用跳闸功能，与变电站出线断路器进行级差配合，避免用户侧故障造成线路停电。

通信方式：配电自动化终端主要采用光纤通信，可采用无线、电力线载波通信进行补充。

5）典型架空线路（大分支）。A 区域典型大分支线路见图 9-5。

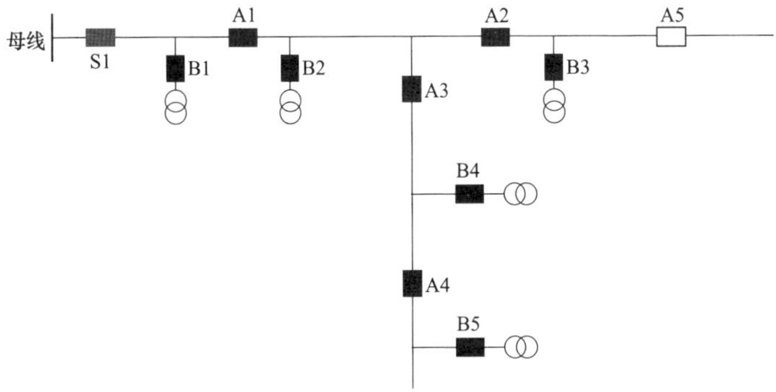

图 9–5　A 区域典型大分支线路

配置原则：对于配电线路关键性节点（A1、A2、A3、A4）配置具备三遥功能的分段开关，用户前端加装可就地切除故障的断路器式的分界开关（B1、B2、B3、B4、B5），大分支（A3）加装分支断路器。

馈线自动化及保护配置：选用集中型馈线自动化模式。分段开关配置过流和接地告警，分支、分界开关配置过流速断和零序延时保护，加用跳闸功能，与变电站出线断路器进行级差配合，避免用户侧故障造成线路停电。

通信方式：配电自动化终端主要采用光纤通信，可采用无线、电力线载波通信进行补充。

9.5.2　B 类供电区域

B 类区域负荷集中，对供电可靠性要求较高，多为地级市的市中心区、重点城市的市区、省级高新技术开发区等，区域内电网线路以多分段多联络的架空线路为主，部分重要干线采用 10kV 电缆线路。

（1）功能选型。B类供电区域线路自动化监测范围宜为1～3km，故障处理模式宜采用集中型或就地型馈线自动化与保护配合模式，电缆线路站内10kV出线开关退出重合闸功能，架空线路或架空部分占比较高的混合线路站内10kV出线开关投入重合闸功能。对于就地型馈线自动化，需要配电终端配合完成来电延时合闸、失压分闸功能，变电站出线开关选用带有重合功能的断路器，配置过流保护和二次重合闸，如变电站出线开关不具备二次重合闸功能，可将首级分段开关来电延时合闸时间配置为21s或以上，躲过重合闸充电时间，或采用改进电压－时间型（带后加速）。集中型馈线自动化以光纤通信为主，就地型馈线自动化以无线通信为主，可采用电力线载波通信进行补充。

（2）典型方案。

1）典型电缆线路。参考A类区域电缆线路案例，选用集中型馈线自动化。

2）典型混合线路。B区域典型混合线路见图9-6。

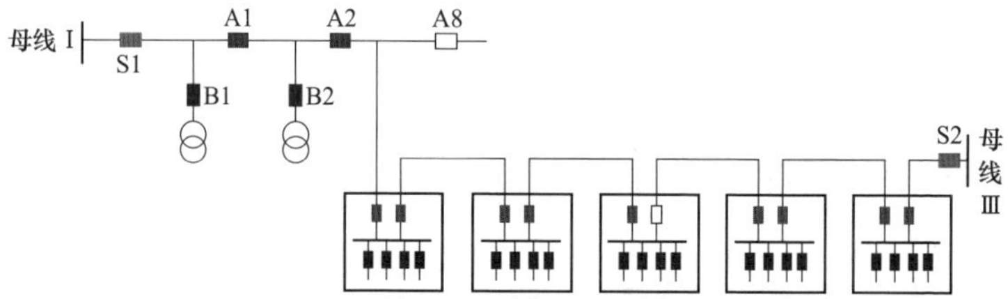

图9-6　B区域典型混合线路

配置方案：对于配电线路关键性节点（A1、A2、A3、A4、A5、A6、A7、A8）配置具备三遥功能的分段开关、环网箱，用户前侧加装可就地切除故障的断路器式分界开关（B1、B2）。

馈线自动化及保护选型：选用集中型馈线自动化模式。分段开关及环网箱进线开关配置过流和接地告警，分支、分界及环网箱出线开关配置过流速断和零序延时保护，加用跳闸功能，与变电站出线断路器进行级差配合，避免用户侧故障造成线路停电。

通信方式：配电自动化终端主要采用光纤通信，可采用无线、电力线载波通信进行补充。

3）典型架空线路（多分段、多联络）。B 区域典型架空线路见图 9-7。

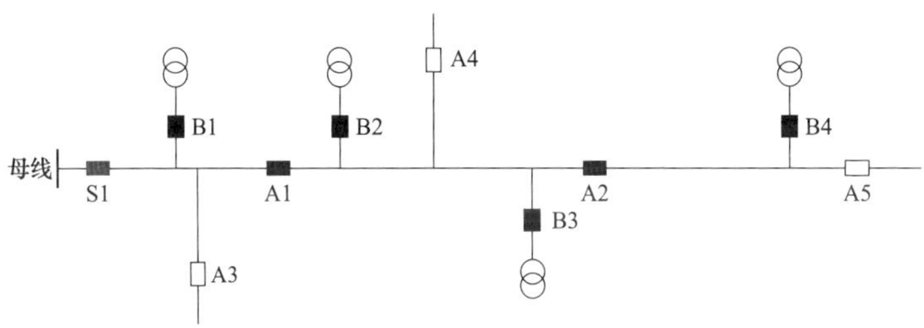

图 9-7 B 区域典型架空线路

配置方案：对于配电线路关键性节点（A1、A2、A3、A4、A5）配置分段、分支开关，用户前侧加装具备可就地切除故障的断路器式分界开关（B1、B2、B3、B4）。

馈线自动化及保护选型：采用就地型馈线自动化模式。分段开关配置就地型馈线自动化逻辑，分支、分界开关加用过流速断和零序延时保护，加用跳闸功能，与变电站出线断路器进行级差配合，避免用户侧故障造成线路停电。

通信方式：架空线路配电自动化终端主要采用无线通信，可采用电力线载波通信进行补充。

4）典型架空线路（大分支）。B 区域典型大分支线路见图 9-8。

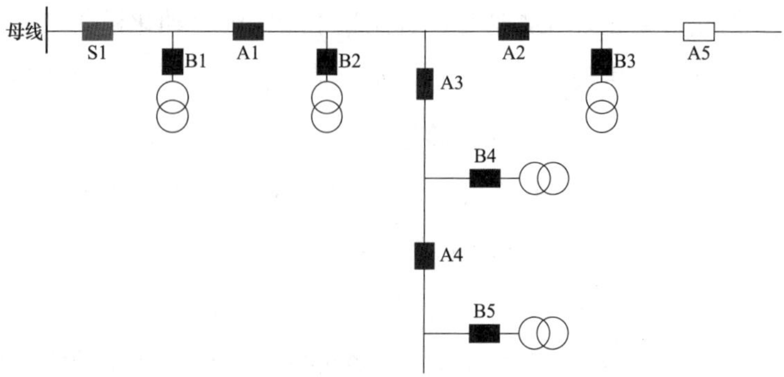

图 9-8　B 区域典型大分支线路

配置原则：对于配电线路关键性节点（A1、A2、A4、A5）配置分段开关，用户前端加装可就地切除故障的断路器式的分界开关（B1、B2、B3、B4、B5），大分支（A3）前端加装分支断路器。

馈线自动化及保护配置：采用就地型馈线自动化模式。分段开关配置就地型馈线自动化逻辑，分支、分界开关加用过流速断和零序延时保护，加用跳闸功能，与变电站出线断路器进行级差配合，避免用户侧故障造成线路停电。

通信方式：架空线路配电自动化终端主要采用无线通信，可采用电力线载波通信进行补充。

9.5.3　C 类供电区域

C 类区域负荷集中，对供电可靠性要求中等，多为地级市的市区、较为发达的城镇等，区域内电网线路以多分段多联络的架空线路为主，个别重要干线可采用 10kV 电缆线路。

（1）功能选型。C 类供电区域线路自动化监测范围宜为

2～4km，故障处理模式宜采用集中型或就地型馈线自动化与保护配合模式，电缆线路站内 10kV 出线开关退出重合闸功能，架空线路或架空部分占比较高的混合线路站内 10kV 出线开关投入重合闸功能。对于就地型馈线自动化，需要配电终端配合完成来电延时合闸、失压分闸功能，变电站出线开关选用带有重合功能的断路器，配置过流保护和二次重合闸，如变电站出线开关不具备二次重合闸功能，可将首级分段开关来电延时合闸时间配置为 21s 或以上，躲过重合闸充电时间，或采用改进电压－时间型（带后加速）。集中型馈线自动化以光纤通信为主，就地型馈线自动化以无线通信为主，可采用电力线载波通信进行补充。

（2）典型方案。

1）典型电缆线路。参考 A 类区域电缆线路案例，选用集中型馈线自动化。

2）典型混合线路。C 区域典型混合线路见图 9–9。

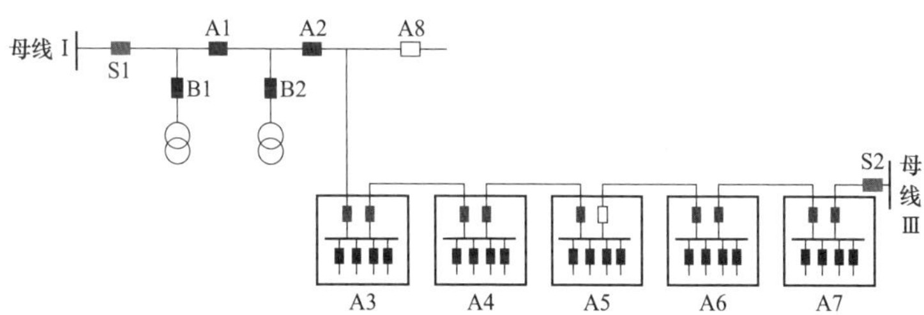

图 9–9　C 区域典型混合线路

配置方案：对于配电线路关键性节点（A1、A2、A3、A4、A5、A6、A7、A8）配置具备三遥功能的分段开关，用户前侧加装可就地切除故障的断路器式分界开关（B1、B2），柱上分段开关之间根据监测范围（3～4km）适当安装远传型高精度故障指示器。

馈线自动化及保护选型：选用集中型或就地型馈线自动化模式。对于集中型馈线自动化模式下，分段开关及环网箱进线开关配置过流和接地告警，分支、分界及环网箱出线开关配置过流速断和零序延时保护，与变电站出线断路器进行级差配合，避免用户侧故障造成线路停电。对于就地型馈线自动化模式下，分段开关配置就地型馈线自动化逻辑，分支、分界开关加用过流速断和零序延时保护，加用跳闸功能，与变电站出线断路器进行级差配合，避免用户侧故障造成线路停电。

通信方式：混合线路根据终端的配置方式及馈线自动化选用模式确定采用光纤或无线通信，可采用电力线载波通信进行补充。

3）典型架空线路（多分段、多联络）。C 区域典型架空线路见图 9–10。

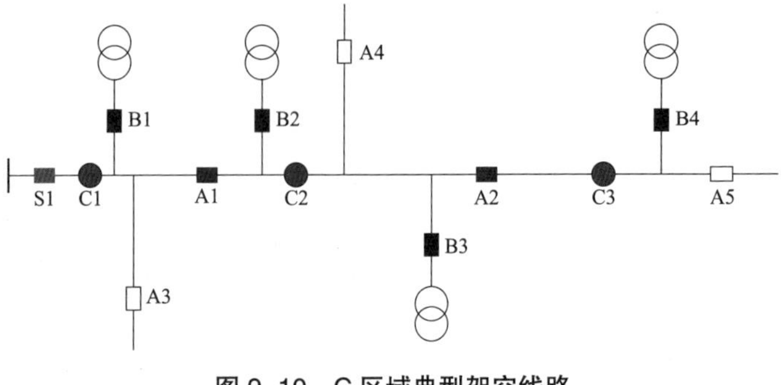

图 9–10　C 区域典型架空线路

配置方案：对于配电线路关键性节点（A1、A2、A3、A4、A5）配置具备三遥功能的分段开关，用户前侧加装可就地切除故障的分界开关（B1、B2、B3），分段开关之间根据监测范围

（2～4km）适当安装远传型故指（C1、C2、C3）。

馈线自动化及保护选型：采用就地型馈线自动化模式。分段开关配置就地型馈线自动化逻辑，分支、分界开关加用过流速断和零序延时保护，加用跳闸功能，与变电站出线断路器进行级差配合，避免用户侧故障造成线路停电。

通信方式：配电自动化终端主要采用无线通信方式，可采用电力线载波通信进行补充。

4）典型架空线路（长线路）。C区域典型架空线路见图9-11。

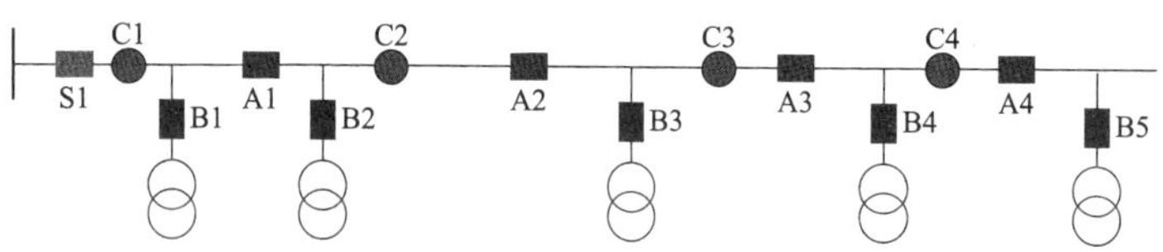

图 9-11　C 区域典型架空线路

配置方案：对于配电线路关键性节点（A1、A2、A3、A4）配置分段开关，用户前端加装可就地切除故障的分界开关（B1、B2、B3、B4、B5），分段开关之间根据监测范围（2～4km）适当安装远传型故指（C1、C2、C3、C4）。

馈线自动化及保护选型：采用就地型馈线自动化模式。分段开关（A1，A2，A4）配置就地型馈线自动化逻辑；中间分段开关（A3）、分支、分界开关配置过流速断和零序延时保护，加用跳闸功能，与变电站出线断路器进行级差配合，避免用户侧故障造成线路停电。

通信方式：配电自动化终端主要采用无线通信方式，可采用电力线载波通信进行补充。

5）典型架空线路（大分支）。C 区域典型大分支线路见图 9-12。

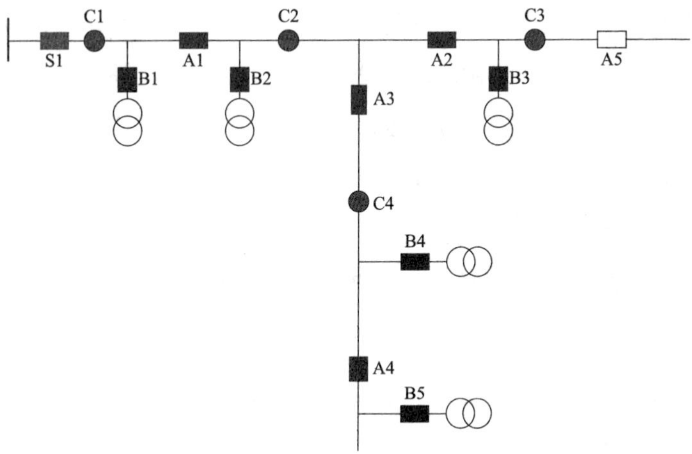

图 9-12　C 区域典型大分支线路

配置原则：对于配电线路关键性节点（A1、A2、A4、A5）配置具备分段开关，用户前端加装可就地切除故障的分界开关（B1、B2、B3、B4、B5），大分支（A3）前端加装可就地切除故障的分支断路器，分段开关之间适当安装远传型故指（C1、C2、C3、C4）。

馈线自动化及保护选型：采用就地型馈线自动化模式。分段开关配置就地型馈线自动化逻辑，分支、分界开关加用过流速断和零序延时保护，加用跳闸功能，与变电站出线断路器进行级差配合，避免用户侧故障造成线路停电。

通信方式：配电自动化终端主要采用无线通信方式，可采用电力线载波通信进行补充。

9.5.4 D 类供电区域

D 类区域负荷略集中，对供电可靠性要求一般，多为一般城镇与农村等，区域内电网线路以辐射架空线路为主，部分重要线路可采用多分段多联络架空线路。

（1）功能选择。D 类供电区域线路自动化监测范围宜为 3 ~ 5km，通信方式以无线通信为主，可采用电力线载波通信进行补充。故障处理模式宜采用就地型馈线自动化与保护配合模式，变电站出线开关选用带有重合功能的断路器，配置过流保护和二次重合闸，如变电站出线开关不具备二次重合闸功能，可将首级分段开关来电延时合闸时间配置为 21s 或以上，躲过重合闸充电时间，或采用改进电压 – 时间型（带后加速）。

D 类区域可根据实际情况，可选择过渡方案，第一阶段以远传型故障指示器为主，故障率较高的线路增设分段开关，第二阶段具备条件后，增加分段、分界开关，逐步满足最终配置。

（2）典型方案。

1）混合线路。参考 C 类区域混合线路案例。

2）架空线路。D 区域典型架空线路见图 9–13。

配置原则：D 类区域架空线路可逐步实现标准化配置。过渡阶段在线路上部署远传型故障指示器（C1、C2、C3）实现故障定位；最终阶段对于配电线路关键性节点（A1、A5）配置分段开关，用户前端加装可就地切除故障的分界开关（B1、B2、B3），大分支（A2）前端加装可就地切除故障的分支断路器，分段开关之间适当安装远传型故指（C1、C2、C3）。

馈线自动化及保护配置：采用就地型馈线自动化模式。分段开关配置就地型馈线自动化逻辑，分支、分界开关加用过流速断和零序延时保护，加用跳闸功能，与变电站出线断路器进行级差配合，避免用户侧故障造成线路停电。

通信方式：配电自动化终端主要采用无线通信，可采用电力线载波通信进行补充。

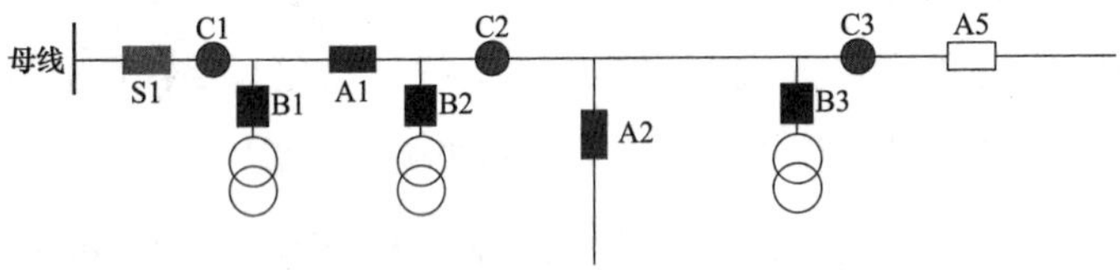

图 9-13　D 区域典型架空线路

10 投资估算

10.1 投资估算依据

收集规划区域上级部门认可的工程综合造价表作为估算依据，并附造价表，参见表 10-1 及本书附表 1。

表 10-1 10kV 配网部分典型单位工程综合造价表

序号	工程名称	规模	单位	综合估价	备注
1	箱式变压器	S13-500kVA	万元 / 台	27.08	
2	户外环网箱	2C4V+PT+DTU	万元 / 台	31.80	
3	公用开闭所	2 进 14 出	万元 / 座	168.46	
4	新建配电室	1600kVA	万元 / 座	176.19	
5	新建柱上台变压器	400kVA（含 TTU）	万元 / 台	14.50	
6		100kVA（含 TTU）	万元 / 台	12.66	
7	10kV 电缆新建工程	ZR-YJV22-10kV-3 × 400	万元 /km	107.03	
8	0.4kV 电缆新建工程	ZR-YJV22-0.4kV-4 × 185	万元 /km	59.27	
9	新建电缆通道	4 孔排管 MPP 管	万元 /km	327.72	

续表

序号	工程名称	规模	单位	综合估价	备注
10	新建电缆通道	8 孔排管 MPP 管	万元 /km	462.30	
11	新建架空导线	JKLYJ–10kV–240	万元 /km	27.52	
12		JKLYJ–1kV–120	万元 /km	19.18	
13	新建柱上一、二次融合开关		万元 / 台	9.89	

注 1. 以上造价基于国网典设（2016 年版）选择武汉公司常用的规模通过博威软件计算得来。

2. 此造价基于网改办下发的 5 月设备材料价格及配网 2016 年版定额等计算，新版实施后，实行新定额及设备材料价格差异很大时此价格不具有参考价值。

3. 主要适用于新建工程，改造工程需要根据工程量另行核算。

4. 后期新定额发布后将更新更加详细和具体的单位工程综合造价。

10.2 投资估算分类

投资估算分类：总体投资、城网投资等。

（1）总体投资。依据工程综合造价表，计算各单项工程投资，汇总得到总投资。注意校核各年投资是否合理，避免过度集中。110（66）kV 及以下各级电网基建工程投资见附表 1。

（2）城网投资。根据规划的工程总量，估算全省分年度分电压等级城网基建总投资。

（3）农网投资。根据规划的工程总量，估算全省分年度分电压等级农网基建总投资。

（4）各地市、县（区）投资。分地市、县（区）汇总统计规划期各电压等级电网投资，结合各地市、县（区）电力需求增长情况，分析各地市、县（区）规划投资的合理性。分地区配电网规划投资统计表见本书附表 2。

（5）电网改造及业扩工程投资。分电压等级统计 110kV 及以下配电网中电网改造工程投资。110（66）kV 电网新建及改造线路工程规模见本书附表 3。

分电压等级统计 110kV 及以下配电网中电网业扩工程投资。配电网业扩工程投资统计见附表 4。

（6）独立二次项目投资分建设重点、分年度列表统计独立二次项目投资。

11 规划成效分析

11.1 技术成效分析

11.1.1 民生供电保障方面

主要从配电网供电安全水平、供电质量、负荷转供能力、设备标准化和健康水平等方面对比分析规划实施前后各电压等级电网有关技术经济指标的改善情况，评价规划效果，说明各电压等级协调发展程度及对规划目标的满足程度。配电网规划成效指标表模板见表 11–1。

11.1.2 解决薄弱问题方面

主要从网架结构、装备水平、乡村配电网建设等方面，对比分析规划实施前后配电网主要问题解决和改善情况，评价规划效果。武汉市现状问题解决情况统计表模板见表 11–2。

表 11-1　配电网规划成效指标表模板

指标	细化指标	年份	市辖供电区	县级供电区	合计	A+	A	B	C	D	E
供电质量	户均停电时间（h）	现状年									
		目标年									
	供电可靠率（%）	现状年									
		目标年									
	综合电压合格率（%）	现状年									
		目标年									
	110kV 及以下综合线损率（%）	现状年				—	—	—	—	—	—
		目标年				—	—	—	—	—	—
供电能力	110（66）kV 容载比	现状年									
		目标年									
	35kV 容载比	现状年									
		目标年									

续表

指标	细化指标	年份	市辖供电区	县级供电区	合计	A+	A	B	C	D	E
供电能力	110（66）kV 主变压器 N–1 通过率（%）	现状年									
		目标年									
	35kV 主变压器 N–1 通过率（%）	现状年									
		目标年									
网架结构	110（66）kV 线路 N–1 通过率（%）	现状年									
		目标年									
	35kV 线路 N–1 通过率（%）	现状年									
		目标年									
	10kV 线路 N–1 通过率（%）	现状年									
		目标年									
	10kV 标准化接线率（%）	现状年									
		目标年									

续表

指标	细化指标	年份	市辖供电区	县级供电区	合计	A+	A	B	C	D	E
智能化	配电自动化覆盖率（%）	现状年									
		目标年									
	配电通信网覆盖率（%）	现状年									
		目标年									
装备水平	高损配电变压器比例（%）	现状年									
		目标年									
	智能电表覆盖率（%）	现状年									
		目标年									
新能源和分布式电源消纳	配电网范围内新能源装机占比（%）	现状年				—	—	—	—	—	—
		目标年				—	—	—	—	—	—
	分布式新能源渗透率（%）	现状年				—	—	—	—	—	—
		目标年				—	—	—	—	—	—

注 1.“户均停电时间（h）”精度为小数点后 4 位。

2. 配电网范围内新能源装机占比 =110kV 及以下新能源装机容量 /110kV 及以下电源装机容量 ×100%。

表 11-2　武汉市现状问题解决情况统计表

类别	电压等级	问题类型	现存问题数量	规划年解决数量	解决率（%）
解决电网薄弱问题	110kV 电网问题	主变压器重过载（台）			
		主变压器不通过 N–1（台）			
		主变压器运行超 30 年（台）			
		线路重过载（条）			
		线路不通过 N–1（条）			
		线路运行超 30 年（km）			
	35kV 电网问题	主变压器重过载（台）			
		主变压器不通过 N–1（台）			
		主变压器运行超 30 年（台）			
		线路重过载（条）			
		线路不通过 N–1（条）			
		线路运行超 30 年（km）			

续表

类别	电压等级	问题类型	现存问题数量	规划年解决数量	解决率（%）
解决电网薄弱问题	10kV 电网问题	线路重过载（条）			
		配电变压器重过载（台）			
		线路未通过“N-1”校验（条）			
		高损配电变压器（台）			
		大分支线路			
		高故障线路			
		高故障台区			
		配电变压器运行年限超过 30 年			
		线路运行年限超过 30 年			
	农村“低电压”问题户数				
	县域电网联系薄弱个数				
配电网智能化	配电自动化线路有效覆盖率				
	馈线自动化（FA）覆盖率				

续表

类别	电压等级	问题类型	现存问题数量	规划年解决数量	解决率（%）
配电网智能化	馈线自动化（FA）正确动作率				
灵活接入	分布式电源接入率				
	电动汽车充电桩报装接入率				
	并网型分布式光伏监测				

11.2 经济效益分析

根据规划期间投资规模，负荷预测成果，主要从挖掘电网存量，精准安排项目，提升配电网效率效益水平等方面，计算公司、市辖供电区和县级供电区 110kV 及以下电网单位投资增供负荷、单位投资增供电量等效率效益指标，对比分析规划实施前后有关技术经济指标的改善情况，评价规划效果。

11.3 社会效益分析

简述配电网规划方案实施后的社会效益，包括对经济的刺激和推动作用，线损率降低对节能减排的贡献，提高供电质量所产生的直接和间接经济效益，原国家级贫困县等在改善社会民生方面发挥的积极作用等。

附录　重要文件汇编

1. 国家、行业规程规范

《城市电力规划规范》GB/T 5029

《电动汽车充换电设施接入配电网技术规范》GB/T 36278—2018

《重要电力用户供电电源及自备应急电源配置技术规范》GB/T 29328—2018

《重要活动场所电力配置与电气运行导则》DB 4201/T 538—2018

2. 网、省公司技术导则、标准及技术规范

《配电网规划设计技术导则》Q/GDW 10738—2020

《配电网自动化规划设计技术导则》Q/GDW 11184—2014

《配电网规划标准化图纸绘制规范》Q/GDW 11616—2017

《分布式电源接入电网技术规定》Q/GDW 1480—2015

《电力通信网规划设计技术导则》Q/GDW 11358—2019

《调度自动化规划设计技术导则》Q/GDW 11360—2014

《电动汽车充换电设施接入配电网设计规范》Q/GDW 11856—2018

《湖北电网规划建设改造技术原则》鄂电司发展〔2023〕101号

《国网湖北省电力有限公司配电自动化建设指导意见》鄂电司网改〔2021〕14号

3.　地市公司技术导则、标准及技术规范

《国网武汉供电公司中低压配电网规划建设技术指导意见（征求意见稿）》鄂电司汉供发展〔2023〕64号

《武汉市10（20）kV电力电缆通道规划建设技术指导意见》武汉市建设世界一流城市电网指挥部办公室2020（12）

附表1　　110（66）kV及以下各级电网基建工程投资　　单位：亿元

编号	类型	电压等级（kV）	项　目	2021	2022	2023	2024	2025	“十四五”合计
1	市辖供电区	110（66）	变电工程						
			线路工程						
		35	变电工程						
			线路工程						
		10（20）	配电变压器工程						
			线路工程						
			开关类工程						

续表

<table>
<tr><th>编号</th><th>类型</th><th>电压等级（kV）</th><th>项　目</th><th>2021</th><th>2022</th><th>2023</th><th>2024</th><th>2025</th><th>“十四五”合计</th></tr>
<tr><td rowspan="3">1</td><td rowspan="3">市辖供电区</td><td colspan="2">低压工程</td><td></td><td></td><td></td><td></td><td></td><td></td></tr>
<tr><td colspan="2">独立二次工程</td><td></td><td></td><td></td><td></td><td></td><td></td></tr>
<tr><td colspan="2">合计</td><td></td><td></td><td></td><td></td><td></td><td></td></tr>
<tr><td rowspan="10">2</td><td rowspan="10">县级供电区</td><td rowspan="2">110（66）</td><td>变电工程</td><td></td><td></td><td></td><td></td><td></td><td></td></tr>
<tr><td>线路工程</td><td></td><td></td><td></td><td></td><td></td><td></td></tr>
<tr><td rowspan="2">35</td><td>变电工程</td><td></td><td></td><td></td><td></td><td></td><td></td></tr>
<tr><td>线路工程</td><td></td><td></td><td></td><td></td><td></td><td></td></tr>
<tr><td rowspan="3">10（20）</td><td>配电变压器工程</td><td></td><td></td><td></td><td></td><td></td><td></td></tr>
<tr><td>线路工程</td><td></td><td></td><td></td><td></td><td></td><td></td></tr>
<tr><td>开关类工程</td><td></td><td></td><td></td><td></td><td></td><td></td></tr>
<tr><td colspan="2">低压工程</td><td></td><td></td><td></td><td></td><td></td><td></td></tr>
<tr><td colspan="2">独立二次工程</td><td></td><td></td><td></td><td></td><td></td><td></td></tr>
<tr><td colspan="2">合计</td><td></td><td></td><td></td><td></td><td></td><td></td></tr>
<tr><td rowspan="4">3</td><td rowspan="4">合计</td><td rowspan="2">110（66）</td><td>变电工程</td><td></td><td></td><td></td><td></td><td></td><td></td></tr>
<tr><td>线路工程</td><td></td><td></td><td></td><td></td><td></td><td></td></tr>
<tr><td rowspan="2">35</td><td>变电工程</td><td></td><td></td><td></td><td></td><td></td><td></td></tr>
<tr><td>线路工程</td><td></td><td></td><td></td><td></td><td></td><td></td></tr>
</table>

续表

<table>
<tr><th>编号</th><th>类型</th><th>电压等级（kV）</th><th>项　目</th><th>2021</th><th>2022</th><th>2023</th><th>2024</th><th>2025</th><th>“十四五”合计</th></tr>
<tr><td rowspan="6">3</td><td rowspan="6">合计</td><td rowspan="3">10（20）</td><td>配电变压器工程</td><td></td><td></td><td></td><td></td><td></td><td></td></tr>
<tr><td>线路工程</td><td></td><td></td><td></td><td></td><td></td><td></td></tr>
<tr><td>开关类工程</td><td></td><td></td><td></td><td></td><td></td><td></td></tr>
<tr><td colspan="2">低压工程</td><td></td><td></td><td></td><td></td><td></td><td></td></tr>
<tr><td colspan="2">独立二次工程</td><td></td><td></td><td></td><td></td><td></td><td></td></tr>
<tr><td colspan="2">合计</td><td></td><td></td><td></td><td></td><td></td><td></td></tr>
<tr><td rowspan="10">3.1</td><td rowspan="10">其中：A+</td><td rowspan="2">110（66）</td><td>变电工程</td><td></td><td></td><td></td><td></td><td></td><td></td></tr>
<tr><td>线路工程</td><td></td><td></td><td></td><td></td><td></td><td></td></tr>
<tr><td rowspan="2">35</td><td>变电工程</td><td></td><td></td><td></td><td></td><td></td><td></td></tr>
<tr><td>线路工程</td><td></td><td></td><td></td><td></td><td></td><td></td></tr>
<tr><td>10（20）</td><td>配电变压器工程</td><td></td><td></td><td></td><td></td><td></td><td></td></tr>
<tr><td rowspan="2">10（20）</td><td>线路工程</td><td></td><td></td><td></td><td></td><td></td><td></td></tr>
<tr><td>开关类工程</td><td></td><td></td><td></td><td></td><td></td><td></td></tr>
<tr><td colspan="2">低压工程</td><td></td><td></td><td></td><td></td><td></td><td></td></tr>
<tr><td colspan="2">独立二次工程</td><td></td><td></td><td></td><td></td><td></td><td></td></tr>
<tr><td colspan="2">合计</td><td></td><td></td><td></td><td></td><td></td><td></td></tr>
</table>

续表

<table>
<tr><th>编号</th><th>类型</th><th>电压等级（kV）</th><th>项　目</th><th>2021</th><th>2022</th><th>2023</th><th>2024</th><th>2025</th><th>“十四五”合计</th></tr>
<tr><td rowspan="10">3.2</td><td rowspan="10">A</td><td rowspan="2">110（66）</td><td>变电工程</td><td></td><td></td><td></td><td></td><td></td><td></td></tr>
<tr><td>线路工程</td><td></td><td></td><td></td><td></td><td></td><td></td></tr>
<tr><td rowspan="2">35</td><td>变电工程</td><td></td><td></td><td></td><td></td><td></td><td></td></tr>
<tr><td>线路工程</td><td></td><td></td><td></td><td></td><td></td><td></td></tr>
<tr><td rowspan="3">10（20）</td><td>配电变压器工程</td><td></td><td></td><td></td><td></td><td></td><td></td></tr>
<tr><td>线路工程</td><td></td><td></td><td></td><td></td><td></td><td></td></tr>
<tr><td>开关类工程</td><td></td><td></td><td></td><td></td><td></td><td></td></tr>
<tr><td colspan="2">低压工程</td><td></td><td></td><td></td><td></td><td></td><td></td></tr>
<tr><td colspan="2">独立二次工程</td><td></td><td></td><td></td><td></td><td></td><td></td></tr>
<tr><td colspan="2">合计</td><td></td><td></td><td></td><td></td><td></td><td></td></tr>
<tr><td rowspan="7">3.3</td><td rowspan="7">B</td><td rowspan="2">110（66）</td><td>变电工程</td><td></td><td></td><td></td><td></td><td></td><td></td></tr>
<tr><td>线路工程</td><td></td><td></td><td></td><td></td><td></td><td></td></tr>
<tr><td rowspan="2">35</td><td>变电工程</td><td></td><td></td><td></td><td></td><td></td><td></td></tr>
<tr><td>线路工程</td><td></td><td></td><td></td><td></td><td></td><td></td></tr>
<tr><td rowspan="3">10（20）</td><td>配电变压器工程</td><td></td><td></td><td></td><td></td><td></td><td></td></tr>
<tr><td>线路工程</td><td></td><td></td><td></td><td></td><td></td><td></td></tr>
<tr><td>开关类工程</td><td></td><td></td><td></td><td></td><td></td><td></td></tr>
</table>

续表

编号	类型	电压等级（kV）	项　目	2021	2022	2023	2024	2025	“十四五”合计
3.3	B	低压工程							
		独立二次工程							
		合计							
3.4	C	110（66）	变电工程						
			线路工程						
		35	变电工程						
			线路工程						
		10（20）	配电变压器工程						
			线路工程						
			开关类工程						
		低压工程							
		独立二次工程							
		合计							
3.5	D	110（66）	变电工程						
			线路工程						
		35	变电工程						
			线路工程						
		10（20）	配电变压器工程						
			线路工程						
			开关类工程						

续表

<table>
<tr><th>编号</th><th>类型</th><th>电压等级（kV）</th><th>项　目</th><th>2021</th><th>2022</th><th>2023</th><th>2024</th><th>2025</th><th>“十四五”合计</th></tr>
<tr><td rowspan="3">3.5</td><td rowspan="3">D</td><td colspan="2">低压工程</td><td></td><td></td><td></td><td></td><td></td><td></td></tr>
<tr><td colspan="2">独立二次工程</td><td></td><td></td><td></td><td></td><td></td><td></td></tr>
<tr><td colspan="2">合计</td><td></td><td></td><td></td><td></td><td></td><td></td></tr>
<tr><td rowspan="10">3.6</td><td rowspan="10">E</td><td rowspan="2">110（66）</td><td>变电工程</td><td></td><td></td><td></td><td></td><td></td><td></td></tr>
<tr><td>线路工程</td><td></td><td></td><td></td><td></td><td></td><td></td></tr>
<tr><td rowspan="2">35</td><td>变电工程</td><td></td><td></td><td></td><td></td><td></td><td></td></tr>
<tr><td>线路工程</td><td></td><td></td><td></td><td></td><td></td><td></td></tr>
<tr><td rowspan="3">10（20）</td><td>配电变压器工程</td><td></td><td></td><td></td><td></td><td></td><td></td></tr>
<tr><td>线路工程</td><td></td><td></td><td></td><td></td><td></td><td></td></tr>
<tr><td>开关类工程</td><td></td><td></td><td></td><td></td><td></td><td></td></tr>
<tr><td colspan="2">低压工程</td><td></td><td></td><td></td><td></td><td></td><td></td></tr>
<tr><td colspan="2">独立二次工程</td><td></td><td></td><td></td><td></td><td></td><td></td></tr>
<tr><td colspan="2">合计</td><td></td><td></td><td></td><td></td><td></td><td></td></tr>
<tr><td colspan="10">注　1. 线路工程指以新建或改造线路的本体和土建等相关工程。
2. 配电变压器工程指包括配电室、箱式变压器、柱上变压器等相关工程。
3. 开关类工程指包括开关站、环网柜、柱上开关、电缆分支箱等相关工程。
4. 本表工程投资包括新建、扩建和扩展性改造工程投资。
5. “亿元”精确度为小数点后四位。</td></tr>
</table>

附表 2

分地区配电网规划投资统计表

序号	单位	电力需求				规划投资（万元）																	
		全社会用电量（万 kWh）		最大负荷（MW）		2021			2022			2023			2024			2025			“十四五”合计		
		现状年	目标年	现状年	目标年	110（66）kV	35kV	10kV及以下	110（66）kV	35kV	10kV及以下	110（66）kV	35kV	10kV及以下	110（66）kV	35kV	10kV及以下	110（66）kV	35kV	10kV及以下	110（66）kV	35kV	10kV及以下
1	××省	0	0	0	0	0	0	0	0	0	0	0	0	0	0	0	0	0	0	0	0	0	0
1.1	××市	0	0	0	0	0	0	0	0	0	0	0	0	0	0	0	0	0	0	0	0	0	0
1.1.1	市区	0	0	0	0	0	0	0	0	0	0	0	0	0	0	0	0	0	0	0	0	0	0
1.1.1.1	××分区																				0	0	0
1.1.1.2	…																				0	0	0
1.1.2.1	××县（区）																				0	0	0
1.1.2.2	××县（区）																				0	0	0
1.1.2.3	…																				0	0	0
1.2	××市	0	0	0	0	0	0	0	0	0	0	0	0	0	0	0	0	0	0	0	0	0	0
1.2.1	市区	0	0	0	0	0	0	0	0	0	0	0	0	0	0	0	0	0	0	0	0	0	0

续表

序号	单位	电力需求				规划投资（万元）																	
		全社会用电量（万 kWh）		最大负荷（MW）		2021			2022			2023			2024			2025			“十四五”合计		
		现状年	目标年	现状年	目标年	110（66）kV	35kV	10kV 及以下	110（66）kV	35kV	10kV 及以下	110（66）kV	35kV	10kV 及以下	110（66）kV	35kV	10kV 及以下	110（66）kV	35kV	10kV 及以下	110（66）kV	35kV	10kV 及以下
1.2.1.1	××分区																				0	0	0
1.2.1.2	...																				0	0	0
1.2.2.1	××县（区）																				0	0	0
1.2.2.2	××县（区）																				0	0	0
1.2.2.3	...																				0	0	0
	...																				0	0	0
	...																				0	0	0

附表 3

110（66）kV 电网新建及改造线路工程规模

编号	类型	电压等级（kV）	项 目	2021 年		2022 年		2023 年		2024 年		2025 年		“十四五”合计	
				新建	改造	新建	改造	新建	改造	新建	改造	新建	改造	新建	改造
1	市辖供电区	110（66）	线路（条）											0	0
			架空线（km）											0	0
			电缆											0	0
2	县级供电区	110（66）	线路（条）											0	0
			架空线（km）											0	0
			电缆											0	0
3	合计	110（66）	线路（条）	0	0	0	0	0	0	0	0	0	0	0	0
			架空线（km）	0	0	0	0	0	0	0	0	0	0	0	0
			电缆	0	0	0	0	0	0	0	0	0	0	0	0
3.1	其中：A+	110（66）	线路（条）											0	0
			架空线（km）											0	0

续表

编号	类型	电压等级（kV）	项　目	2021年		2022年		2023年		2024年		2025年		“十四五”合计	
				新建	改造	新建	改造	新建	改造	新建	改造	新建	改造	新建	改造
3.1	其中：A+	110（66）	电缆											0	0
3.2	A	110（66）	线路（条）											0	0
			架空线（km）											0	0
			电缆											0	0
3.3	B	110（66）	线路（条）											0	0
			架空线（km）											0	0
			电缆											0	0
3.4	C	110（66）	线路（条）											0	0
			架空线（km）											0	0
			电缆											0	0
3.5	D	110（66）	线路（条）											0	0

续表

编号	类型	电压等级（kV）	项　目		2021年		2022年		2023年		2024年		2025年		“十四五”合计	
					新建	改造	新建	改造	新建	改造	新建	改造	新建	改造	新建	改造
3.5	D	110（66）	架空线（km）												0	0
			电缆												0	0
3.6	E	110（66）	线路（条）												0	0
			架空线（km）												0	0
			电缆												0	0

注　1. 新建不含增容，改造含增容（“增容”指将小截面导线更换为大截面导线）。

2. “条”精确度为整数，“km”精确度为小数点后两位。

附表 4　配电网业扩工程投资统计

单位：亿元

区域	电压等级	2021 年	2022 年	2023 年	2024 年	2025 年	“十四五”合计
市辖供电区	110kV						0
	35kV						0
	10kV 及以下						0
	投资合计	0	0	0	0	0	0
县级供电区	110kV						0
	35kV						0
	10kV 及以下						0
	投资合计	0	0	0	0	0	0
合计	110kV	0	0	0	0	0	0
	35kV	0	0	0	0	0	0
	10kV 及以下	0	0	0	0	0	0
	投资合计	0	0	0	0	0	0
其中：A+	110kV						0
	35kV						0

续表

区域	电压等级	2021 年	2022 年	2023 年	2024 年	2025 年	“十四五”合计
其中：A+	10kV 及以下						0
	投资合计	0	0	0	0	0	0
A	110kV						0
	35kV						0
	10kV 及以下						0
	投资合计	0	0	0	0	0	0
B	110kV						0
	35kV						0
	10kV 及以下						0
	投资合计						0
C	110kV						0
	35kV						0
	10kV 及以下						0
	投资合计						0

续表

区域	电压等级	2021 年	2022 年	2023 年	2024 年	2025 年	“十四五”合计
D	110kV						0
	35kV						0
	10kV 及以下						0
	投资合计	0	0	0	0	0	0
E	110kV						0
	35kV						0
	10kV 及以下						0
	投资合计	0	0	0	0	0	0

注 1. 本表业扩指公司投资部分。
2. “亿元”精确度为小数点后四位。